Refaz Ahmad Dar
Mohd. Shahnawaz
Parvaiz H. Qazi

# Endófitos fúngicos: Uma visão geral

Refaz Ahmad Dar
Mohd. Shahnawaz
Parvaiz H. Qazi

# Endófitos fúngicos: Uma visão geral

**ScienciaScripts**

**Imprint**



Cover image: www.ingimage.com

This book is a translation from the original published under ISBN 978-620-2-05941-1.

Publisher:
Sciencia Scripts
is a trademark of
Dodo Books Indian Ocean Ltd. and OmniScriptum S.R.L publishing group

120 High Road, East Finchley, London, N2 9ED, United Kingdom
Str. Armeneasca 28/1, office 1, Chisinau MD-2012, Republic of Moldova, Europe
Printed at: see last page
**ISBN: 978-620-7-89111-5**

**Dedicado a:**

**Todas as almas falecidas**

**que sacrificaram as suas**

**vidas na**

**ocupação para fazer prevalecer**

**a justiça para as massas**

## Afiliação do autor

Refaz Ahmad Dar*[1] , Mohd. Shahnawaz[2] , Parvaiz Hassan Qazi[1]

[1]Divisão de Biotecnologia Microbiana, CSIR-Instituto Indiano de Medicina Integrativa, Canal Road Jammu, Jammu-180001, Jammu e Caxemira, Índia
[2] Divisão de Biotecnologia Vegetal, CSIR-Instituto Indiano de Medicina Integrativa, Canal Road Jammu, Jammu-180001, Jammu e Caxemira, Índia *Autor correspondente:

Correio eletrónico: refazahmad@gmail.com

# Sobre os autores:

**Dr. Refaz Ahmad Dar** (M. Sc., Ph. D.)

O Dr. Refaz Ahmad Dar nasceu em 1983 na aldeia remota de Akingam, pertencente ao distrito de Anantnag, no Estado de Jammu e Caxemira. É o filho mais velho dos seus pais e, desde a infância, interessou-se pelas ciências. Fez os seus estudos básicos na sua terra natal. Concluiu o bacharelato (B. Sc. General Course) no Govt. Degree College Anantnag, Anantnag (afiliado à Universidade de Caxemira, Srinager) com uma segunda divisão. Em 2005, mudou-se para Bhopal para fazer o seu mestrado. Concluiu o seu mestrado em Biotecnologia no Shah-Shib College of Science and Management, Parvillia, Bhopal (afiliado à Universidade Barkatullah, Bhopal) em 2007, com a Primeira Divisão. Durante o seu mestrado, teve a oportunidade de concluir a sua dissertação de mestrado no SKIMS, Caxemira. Depois de concluir o seu mestrado em Biotecnologia, foi selecionado como assistente de projeto na Divisão de Biotecnologia Microbiana, CSIR-IIIM Jammu (então RRL Jammu). Trabalhou aí sob a orientação do Dr. Parvaiz H. Qazi, Cientista Sénior. Mais tarde, qualificou-se no PET da Universidade Guru Nanak Dev, Amritsar, e inscreveu-se para o seu doutoramento em Biotecnologia sob a orientação do Dr. Parvaiz H. Qazi. Durante o período do seu programa de doutoramento, qualificou-se na prestigiada entrevista do JKPSC e foi selecionado como professor de Biotecnologia no nível plus 2. Mais tarde, completou também o doutoramento com muito trabalho e, finalmente, em 2016, defendeu com êxito a sua tese e obteve o grau de doutor. Durante o período da sua carreira de investigação, apresentou o seu trabalho em várias partes do país. Tem também vários artigos publicados em revistas de renome. Durante a sua tese de doutoramento, colaborou com um dos seus amigos, o Dr. Mohd. Shahnawaz (*Khakii*). O presente livro é o seu esforço conjunto. Atualmente, trabalha como professor de biotecnologia na Govt Girls Higher Secondary School, Anantnag, Caxemira.

**Dr. Mohd. Shahnawaz** (M. Sc., M. Phil., Ph. D.)

O Dr. Mohd. Shahnawaz (*Khakii)* nasceu em 1983 numa aldeia remota de Kejayee (Affani) Padder, no distrito de

Kishtwar, Estado de Jammu e Caxemira. Concluiu os seus estudos primários no distrito de Kishtwar. Concluiu o bacharelato em ciências no Govt. Degree College Kishtwar, Universidade de Jammu, Jammu, em 2005. Mudou-se para Bhopal e fez o mestrado em botânica em 2007 no Shah-Shib College of Science and Management, Bhopal (afiliado à Barkatullah University Bhopal, Índia). Em 2006, teve a oportunidade de trabalhar sob a supervisão do Dr. Surrinder K. Lattoo no Instituto Indiano de Medicina Integrada, Canal Road Jammu, Jammu (que passou a ser RRL, Jammu). Sob a orientação do Dr. Altafhussain B. Nadaf, completou o seu Mestrado em Botânica em 2010 com a classificação "A" no Departamento de Botânica da Universidade de SP Pune, Pune, Índia. Para os seus estudos de doutoramento, trabalhou sob a orientação do Prof. Avinash B. Ade, na mesma instituição. Trabalhou na bioremediação de polietileno utilizando rizobactérias. Foi-lhe atribuída uma bolsa de investigação e uma bolsa de mérito UGC, UGC-Maulana Azad National Fellowship for Minorities durante os seus estudos de mestrado e doutoramento pela Universidade de Pune e pela University Grants Commission, Índia, de tempos a tempos. Em abril de 2016, concluiu com êxito o seu doutoramento. Após a obtenção do doutoramento, trabalhou como professor contratado de botânica no Govt. Degree College Kishtwar, Kishtwar. Atualmente, trabalha como bolseiro de pós-doutoramento DST-SERB-National na Divisão de Biotecnologia Vegetal, CSIR-IIIM Jammu, sob a orientação do Dr. Sumit G. Gandhi, Cientista Sénior. Apresentou o seu trabalho em várias conferências nacionais e internacionais em diferentes partes do país e tem também vários artigos de investigação a seu crédito, publicados em revistas de renome. Publicou também dois livros da Lambert Academic Publishing, Alemanha.

**Dr. Parvaiz Hassan Qazi** (M. Sc., Ph.D., PDF)

O Dr. Parvaiz Hassan Qazi nasceu em Soibug Badgam

Distrito do Estado de Jammu e Caxemira. Concluiu o ensino secundário na sua terra natal. Concluiu a licenciatura e a pós-graduação na Universidade de Caxemira, Srinager. Fez o doutoramento no CSIR-III Jammu, Jammu e Caxemira, Índia. Recebeu vários prémios e bolsas (JRF e SRF do CSIR) durante o seu período de investigação. Também completou a sua investigação de pós-doutoramento no estrangeiro. Apresentou o seu trabalho em várias conferências nacionais e internacionais em todo o mundo. [st]Foi galardoado com o prémio de melhor artigo (1997) pela Associação Muçulmana para o Avanço da Ciência (MAAS) e com o prémio de melhor apresentação de poster (2000) pela Associação de Microbiologistas da Índia (AMI). Trabalhou como investigador associado no CSIR-IIIM, Sanatnager, Srinagar, entre 2003 e 2004. Em 2004, foi selecionado como cientista na Avesthagen Graine Technologies Pvt. Ltd. Bangalore, onde trabalhou durante dois anos. Mais tarde (2006) foi selecionado como Cientista no CSIR-IIIM Jammu numa base permanente e em 2013 foi promovido a Cientista Sénior. Tem vários artigos com bom fator de impacto publicados em revistas de renome. É membro da Associação de Microbiologistas da

Índia (AMI) e da Associação Muçulmana para o Avanço da Ciência (MAAS). As suas áreas de interesse são as seguintes a) exploração da biodiversidade microbiana com ênfase especial em bactérias psicrófilas/psicrotolerantes (extremófilas) e actinomicetas das regiões mais frias de Jammu & Caxemira - Índia para o potencial biotecnológico dos seus produtos, b) isolamento e caraterização de bactérias/fungos endofíticos de plantas medicinais de alto valor de Caxemira para os seus bioactivos, c) bioprospecção de plantas medicinais raras de alta altitude e padronização dos seus protocolos de regeneração *in vitro* para multiplicação em massa.

Orientou vários estudantes a nível de mestrado, doutoramento e pós-doutoramento com o seu excelente temperamento científico. Atualmente, está ocupado com vários projectos de investigação financiados por várias agências de financiamento do Governo da Índia (DST, DBT, CSIR).

# ÍNDICE

# Agradecimentos

Louvado seja Deus Todo-Poderoso, que criou os céus e a terra e deu origem às trevas e à luz; porém, os incrédulos consideram os outros iguais aos seus senhores.

Antes de mais, gostaria de inclinar a minha cabeça perante Deus Todo-Poderoso, que me abençoou com a oportunidade e os instintos que me levaram a trabalhar.

"Uma qualificação do sucesso é que não trazemos resultados harmoniosos e benéficos para nós próprios, mas também partilhamos esses benefícios com os outros"

Uma viagem é mais fácil quando viajamos juntos. O presente livro é o resultado da minha tese de doutoramento. Fui acompanhado e apoiado por muitas pessoas. É uma honra e uma oportunidade muito agradável poder exprimir a minha gratidão a todas elas.

Estou extremamente grata aos meus adoráveis pais, Mohammad Akbar Dar e Dilshada Akhter, que acreditaram em mim e me apoiaram em todas as etapas da minha vida. Este livro não teria sido possível sem as suas bênçãos. O seu apoio moral tornou possível a realização do meu objetivo. Agradeço-lhes o amor, a compreensão e o apoio que me deram desde o momento em que nasci. Sem a atmosfera pacífica que criaram em casa, não teria chegado a este ponto da minha vida. Eles fizeram o melhor trabalho durante estes anos com a sua paciência, com a sua energia que enviaram.

Expresso os meus profundos sentimentos de gratidão ao Dr.

Qazi Parvaiz Hassan, Cientista Sénior, Divisão de Biotecnologia, IIIM. O seu apoio inabalável, a coerência dos seus pensamentos científicos e a sua notável presença de espírito impulsionaram-me ao longo do meu percurso académico para avançar nos melhores momentos e nas horas mais sombrias. Estou-lhe muito grato por me ter mostrado a quarta dimensão da vida chamada "Ciência". Sinto-me extremamente afortunado por ser considerado um dos seus alunos

É um prazer agradecer a todos aqueles que tornaram este livro possível: o meu querido irmão Aejaz e as minhas irmãs Shoby e Shugufta, pelo seu amor infinito, desejos, sorrisos calorosos, orientação amigável e encorajamento. Apoiaram-me ao longo de todos os meus estudos com o seu apoio constante e as suas orações. Obrigado por tudo o que são para mim.

Estou também muito grato à minha querida esposa, a ***Dra. Saima R. Dar,*** pelo seu gentil encorajamento, apoio e orientação alargada para tornar realidade o sonho da publicação deste livro.

Por último, mas não menos importante, gostaria também de agradecer sinceramente a todas as pessoas que me ajudaram direta ou indiretamente durante o período da minha investigação.

(Refaz Ahmad Dar)

# Abreviaturas

| | | |
|---|---|---|
| %EI | : | Percentage of Elongation inhibition |
| %G | : | Percentage of Germination |
| %GI | : | Percentage of Germination index |
| Alc | : | Alcohol |
| DMSO | : | Dimethyl Sulfoxide |
| DW | : | Distilled Water |
| EO | : | Essential Oil |
| RBA | : | Rose Bengal Agar |

# Capítulo 1

## Introdução

A comunidade científica começou a explorar seriamente os microrganismos como fonte de produtos naturais bioactivos quando Pasteur revelou que a fermentação é causada por células vivas. Este facto deu origem a uma nova era na medicina, mais tarde designada por Idade de Ouro dos Antibióticos (Mann 1994). Em seguida, o poder de observação e a serendipidade científica forneceram a Fleming a motivação para inaugurar a era dos antibióticos *através da* descoberta da penicilina a partir do fungo *Penicillium notatum*. Posteriormente, foi isolada uma série de metabolitos bioactivos de microrganismos, incluindo actinomicetos, fungos e bactérias. Os compostos isolados incluem antibacterianos, anti-insecticidas, antioxidantes, antivirais, imunossupressores, antifúngicos e anti-cancerígenos.

Há muito que os micróbios ajudam o homem através da produção de metabolitos secundários e de inúmeras enzimas (Demain 1981). A variedade do mundo microbiano é gigantesca e as habitações onde os microrganismos vivem são realmente espantosas, estendendo-se desde as piscinas termais da Terra até ao fundo dos depósitos oceânicos. Procedimentos de fermentação sofisticados e políticas de desenvolvimento tornaram os microrganismos uma base constante de medicamentos futuros. O Dr. Girish Mahajan, Diretor do Grupo, e o Dr. H Sivaramkrishna, Presidente do Departamento de Produtos Naturais da Piramal Life Sciences Limited (PLSL) ilustram o domínio dos microrganismos nas indústrias farmacêuticas, concentrando-se em três gamas de projeção: medicamentos anticancerígenos, antidiabéticos e antimicrobianos (antibacterianos e antifúngicos).

Atualmente, as ciências microbiológicas são os principais contribuintes a nível mundial para as indústrias neutracêutica e farmacêutica. Os microrganismos estão constantemente a produzir novos metabolitos secundários à medida que se deslocam nos diversos componentes ecológicos. Os complexos bioactivos isolados até agora de micróbios, 38% de fungos, 17% de bactérias unicelulares e 45% são isolados de actinomicetos. Por outro lado, o aumento de microrganismos resistentes e de células tumorais revelou-se a principal dificuldade e exige um trabalho de investigação abundante para o combater. Para ultrapassar as limitações dos medicamentos existentes, os microrganismos têm sido sempre uma boa fonte de produção de moléculas principais com uma nova estrutura.

O espaço intracelular entre as células das plantas superiores é o ambiente biótico único e especializado que favorece a progressão dos microrganismos. Diz-se que cada planta alberga um número de micróbios chamados endófitos (Strobel e Daisy 2003). As espécies endofíticas que estão ubiquamente presentes em todas as plantas são aproximadamente um milhão (Amirita *et al.* 2012).

O termo endófito foi definido por diferentes cientistas de diferentes maneiras com o passar do tempo. O termo "*endófito*", originalmente introduzido por de Bary (1866), refere-se a quaisquer organismos que ocorrem no interior dos tecidos das plantas, distintos das epífitas que vivem nas superfícies das plantas. Este termo foi também utilizado por Carroll (1986) para os organismos que causam infecções assintomáticas nos tecidos das plantas, excluindo os fungos patogénicos e micorrízicos. A definição de Carroll foi alargada por Petrini (1991), para incluir todos os organismos que colonizam uma planta sem causar danos aparentes ao hospedeiro em qualquer altura do seu ciclo de vida. O termo foi ainda alargado a fungos e bactérias por Wilson (1995). De acordo com Wilson (1995), os endófitos, durante todo ou parte do seu ciclo de vida, invadem as plantas vivas e causam infecções assintomáticas completamente dentro dos tecidos, mas não causam doenças. Mais tarde, todos os microrganismos que residem dentro das plantas sem produzir sintomas visíveis foram categorizados como endófitos (Azevedo *et al.* 2000). De acordo com Stone *et al.* (2000), a palavra 'endófito' é um termo geográfico abrangente que inclui todos os organismos que durante um período variável da sua vida ocupam os tecidos vivos dos seus hospedeiros sem qualquer sintoma. A relação entre a planta e os seus endófitos é de natureza simbiótica (Tran *et al.* 2010). Tem havido muitas avaliações e publicações sobre o tema dos endófitos e este conceito tem sido definido de diferentes formas (Hyde e Soytong 2008). No entanto, embora existam muitas alternativas, a definição de Petrini (1991) tem sido mais comummente utilizada nos estudos sobre endófitos.

# Capítulo 2

## Origem dos endófitos

De acordo com Strobel (2003), as evidências de micróbios ligados às plantas presentes nos tecidos fossilizados de folhas e caules mostraram que as relações com os endófitos das plantas se desenvolveram desde a data do aparecimento das plantas superiores na Terra. Existe uma enorme variedade de vida microbiana que vive em nichos verdadeiramente surpreendentes, desde as piscinas termais da Terra até ao fundo dos resíduos oceânicos. As associações simbióticas entre plantas e fungos são muito prováveis a partir da data de aparecimento das plantas vasculares (Rodriguez e Redman 1997). Presume-se que as associações bacterianas endofíticas tenham origem na rizosfera ou na microflora do filoplano (Misko e Germida 2002). A ocorrência e distribuição de *Neotyphodium lolii* nas inflorescências em desenvolvimento e nos embriões de azevém perene (*Lolium perenne* L.) foi identificada. A adaptação dos endófitos ao microambiente especial da planta faz-se através da variação genómica, que também inclui a absorção do ADN genómico da planta nos seus genomas, devido à longa associação entre plantas e endófitos (Germaine *et al.* 2004). Isto pode ter levado à capacidade de alguns endófitos de biossintetizar algumas moléculas bioactivas inicialmente aliadas ao hospedeiro vegetal.

Existem dois modos de transmissão de endófitos fúngicos, isto é, modo de transmissão horizontal e vertical, dos quais o primeiro transmite por transferência de esporos assexuados e sexuais e o último opera fungos sistémicos da planta para a descendência *através de* sementes hospedeiras (Saikkonen *et al.* 2004). A observação de Dong sugere que a colonização endofítica envolve um processo de ativação dirigido por determinantes genómicos de ambos os associados (Dong's *et al.* 2003). De acordo com Clay (1990), os endófitos fúngicos encontrados nos tecidos aéreos das plantas são tipicamente considerados fungos assintomáticos. A maioria das espécies vegetais examinadas até à data alberga fungos endofíticos nos tecidos aéreos, tornando-se um elemento vital das comunidades vegetais terrestres (Arnold e Herre 2003; Gonthier *et al.* 2006). Os grupos mais pequenos reconhecidos de endófitos ligados às plantas são os fungos endofíticos, particularmente ascomicetes variados que crescem de forma assintomática nos tecidos aéreos das plantas, tais como caules e folhas (Wilson 1995; Kowalski e Kehr 1996).

De Bary (1887) foi o primeiro a distinguir os fungos endofíticos dos fungos epífilos e foi Sampson (1933) quem primeiro caracterizou em profundidade os membros das Poaceas temperadas do norte. Posteriormente, os endófitos foram diferenciados dos fungos patogénicos com base no crescimento assintomático em diferentes condições (Verhoeff 1974) e dos fungos micorrízicos, com base na taxonomia (Bills e Polishook 1991) e na especificidade dos tecidos (Carlile e Watkinson 1989; Agrios 1997).

# Capítulo 3

## Principais grupos de fungos endofíticos

De acordo com Stone *et al.* (2000), a relação entre os micróbios endofíticos e os seus órgãos vegetais pertence a classes distintas. Existem dois tipos principais de endófitos fúngicos designados por endófitos clavicipitáceos (endófitos C), que se encontram em associação com algumas gramíneas, e endófitos não clavicipitáceos (endófitos NC), que se encontram em tecidos sem sintomas de plantas não vasculares, angiospérmicas, coníferas, aliadas e fetos (Rodriguez *et al.* 2009). A propagação dos endófitos C- é maioritariamente vertical, com as plantas-mãe a transferirem os fungos para os descendentes *através de* sementes infecciosas (Saikkonen *et al.* 2002). Os endófitos clavicipitáceos aumentam frequentemente a biomassa das plantas,

diminuem a herbivoria, produzem substâncias que são venenosas para a fauna e conferem tolerância à seca (Clay 1988). No entanto, pouco se sabe sobre os benefícios proporcionados por estes fungos, mas depende largamente das condições ambientais, do genótipo do hospedeiro e da espécie hospedeira (Saikkonen *et al.* 1998). Enquanto que os endófitos não clavicipitáceos (endófitos NC) são diversos, tanto no que diz respeito à estratégia de história de vida como filogeneticamente. A maioria dos endófitos não clavicipitáceos pertencem ao Ascomycota e colonizam de forma localizada ou sistémica, inter ou intracelular. A maioria destes isolados pertencia a géneros ubíquos (Quadro 2.2) (p. ex. *Pleospora, Cladosporium, Fusarium, Acremonium, Phoma, Coniothyrium, Alternaria, Geniculosporium, Epicoccum*), mas alguns géneros são comuns tanto em climas temperados como tropicais (p. ex. Phomopsis, Fusarium, *Epicoccum*). g. *Phomopsis, Fusarium, Phoma*), enquanto os membros dos géneros *Phyllosticta, Xylariaceace, Pestalotiopsis, Guignardia* e *Colletotrichum* predominam como endófitos nos trópicos (Schulz e Boyle 2005).

# Capítulo 4

## Fungos endofíticos: Diversidade e distribuição

No universo, os microrganismos endofíticos estão virtualmente presentes em todas as plantas. Nas organizações vegetais, os endófitos existem amplamente e atingiram uma estimativa de 1 milhão de espécies (Huang *et al.* 2007). Os micróbios endofíticos estão presentes em todas as plantas investigadas entre as cerca de 300.000 espécies de plantas diferentes do nosso planeta. A biodiversidade fúngica de diferentes regiões da Índia foi registada, inferindo os seus desenhos de distribuição e abordagens de conservação. Do total da riqueza fúngica, apenas uma parte foi explorada pelo escrutínio científico e os micologistas têm de desvendar a riqueza desconhecida e invisível. Na Índia, existe um terço da diversidade fúngica do mundo e apenas 50% dos 1,5 milhões de fungos foram caracterizados até à data. Os fungos cultivados artificialmente são, infelizmente, apenas cerca de 5-10%. O mundo dos fungos constitui uma fonte rica para exploração e uma fonte inesgotável de diversidade biológica. Por conseguinte, os fungos podem desempenhar um papel significativo na vida quotidiana dos seres humanos, bem como na sua utilização em bioremediação, têxteis, agricultura, biofertilizantes, medicina, ciclismo natural, indústria, indústria alimentar, etc. Assim, a biotecnologia fúngica tem um papel essencial no bem-estar humano (Manoharachary *et al.* 2005). Estudos sobre taxonomia, distribuição, composição de espécies, métodos de deteção, aspectos fisiológicos, ecológicos e biológicos de endófitos de plantas lenhosas na América do Norte e na Europa foram amplamente realizados por Bills (1996), Carroll (1995) e

Petrini (1986, 1996). Geralmente, os novos microrganismos endofíticos são produzidos pelas plantas que crescem em regiões ambientais distintas, com utilizações etanobotónicas e idade extrema ou locais endémicos fascinantes.

**Quadro 4.1 Plantas com endófitos isolados**

| Sr. No. | Name of endophytic fungi | Name of plant | References |
|---|---|---|---|
| 1 | *Taxomyces andreanae* | *Taxus brevifolia* | Strobel *et al.* 1993 |
| 2 | *Pestalotiopsis microspore* | *Torreya taxifolia* | Lee *et al.* 1996 |
| 3 | *Muscodor albus* | *Cinnamomum zeylanicum* | Strobel *et al.* 2001 |
| 4 | *Muscodor vitigenus* | *Paullinia paullinioides* | Bryn Daisy *et al.* 2002 |
| 5 | *Pestalotiopsis microspore* | *T. morobensi* | Harper *et al.* 2003 |
| 6 | *Marssonina sp.* | *Calotropis gigantea* | Haiyan *et al.* 2005 |
| 7 | *Periconia, Stenella, and Drechslera* | *Azadirachta indica A. Juss* | Verma *et al.* 2007 |
| 8 | *Xylaria sp.YX-28* | *Ginkgo biloba L.* | Liu *et al* . 2008 |
| 9 | *Chaetomium sp.* | *Salvia officinalis* | Debbab *et al.* 2009 |
| 10 | *Phyllosticta sp.* | *Guazuma Tomentosa* | Srinivasan *et al.* 2010 |
| 11 | *Phyllosticta* sp. *Fusarium sp.* *Penicillium* sp. *Phomopsis* sp. | *Shoreasiamensis Miq* | Sutjaritvorakul *et al.* 2011 |

Os ecossistemas terrestres mais biologicamente variados da Terra são as florestas tropicais e temperadas, consideradas como (Mittermeier *et al.* 1999). Os fungos endofíticos de tecidos aéreos saudáveis estão maioritariamente documentados em gramíneas (Bacon *et al.* 1977; Waller *et al.* 1983; Clay 1988) e coníferas (Petrini e Fisher 1986; Guo *et al.* 2004; Wang *et al.* 2007; Hormazabal e Piontelli 2009). Os endófitos fúngicos também foram registados em líquenes (Li *et al.* 2007), musgos e fetos (Schulz *et al.* 1993; Fisher 1996), algas marinhas (Cubit 1974; Hawksworth 1988), hepáticas (Boullard 1988), palmeiras (Rodrigues 1994; Frohlich e Hyde 1999) e pteridófitas (Dhargalkar e Bhat 2009). Os endófitos estão largamente confinados às gimnospérmicas em regiões temperadas (Bernstein e Carroll 1977; Petrini e Fisher 1988; Boddy e Griffith 1989; Guo *et al.* 2004). A diversidade de fungos endofíticos é maior nas florestas tropicais, onde a diversidade de angiospérmicas lenhosas também é maior (Lodge *et al.* 1996; Arnold 2001; Gamboa e Bayman 2001; Banerjee 2011). Os estudos máximos sobre os endófitos foram efectuados nas regiões subtropicais como a Argentina (Cabral *et al.* 1993; Bertoni e Cabral 1988), Nova Zelândia (Philipson 1989; Latch *et al.* 1984) e hemisfério norte (Petrini 1991; Boddy e Griffith 1989; Petrini 1986). A diversidade de fungos endofíticos foi relatada por

Dreyfuss e Petrini, (1984) e Petrini e Dreyfuss, (1981) de plantas hospedeiras tropicais que pertenciam à família Orchidaceae, Bromeliaceae e Araceae, do Brasil, Guiana Francesa e Colômbia (América do Sul). Posteriormente, Rodrigues e Samuels (1990) e Rodrigues (1994, 1996) estudaram amplamente as assembleias endofíticas de palmeiras tropicais. As comunidades endofíticas de algumas espécies de árvores tropicais também foram estudadas por Bills e Pollishook, (1994), Fisher *et al.* (1995) e Rodrigues e Dias (1996). Para além disso, alguns estudos sobre endófitos dos trópicos incluem os das Bermudas (Southcott e Johnson 1997), Hong Kong (Brown *et al.* 1998), Brasil (Rodrigues e Samuels 1999), Ilha Barro Colorado, Panamá (Arnold *et al.* 2000), Tailândia (Bussaban *et al.* 2001; Photita *et al.* 2001) e Guiana (Cannon e Simmons 2002).

A Índia, com uma rica diversidade vegetal de cerca de 17 527 espécies de angiospérmicas e 67 espécies de gimnospérmicas, tem uma escassa diversidade de fungos endofíticos, em comparação com outros países tropicais (Karthikeyan 2009). Os estudos sobre fungos endofíticos na Índia têm-se centrado em espécies arbóreas (Kharwar *et al.* 2008, 2009; Tejesvi *et al.* 2005, 2006; Suryanarayanan *et al.* 2002, 2003; Raviraja, 2005; Gond *et al.* 2007), gramíneas (Govindu e Thirumalachar 1961, 1963, 1973), mangais (Maria e Sridhar 2003; Suryanarayanan *et al.* 1998; Suryanarayanan e Kumaresan 2000), palmeiras (Girivasan e Suryanarayan 2004). Suryanarayanan *et al.* (2002) estudaram a ocorrência e a distribuição de endófitos foliares em quatro tipos diferentes de florestas tropicais existentes na Índia, *nomeadamente a* floresta semi-verde dos Ghats Ocidentais do Sul da Índia, a floresta espinhosa seca, a floresta caducifólia húmida e a floresta caducifólia seca. Durante o estudo (Suryanarayanan *et al.* 2002) foram estudadas vinte espécies de árvores relativamente às suas assembleias de endófitos e concluiu-se que, embora as árvores tropicais fossem ricas em endófitos, a diversidade endofítica global de toda a comunidade vegetal não era excecional. Suryanarayanan e outros, em 2003, também compararam a distribuição, a diversidade e a recorrência de hospedeiros em vinte e quatro espécies de árvores pertencentes a 17 famílias de duas florestas tropicais secas da Reserva da Biosfera de Nilgiri. Identificaram dois grupos de fungos em ambas as florestas, um grupo contendo formas ubíquas que dominam os conjuntos de endófitos de vários hospedeiros e o segundo caracterizado por formas menos frequentes. Este estudo sugere que as florestas tropicais secas não são hiperdiversas no que respeita aos endófitos. Noutro estudo separado, Murali *et al.* (2007) estudaram os endófitos fúngicos foliares de quinze espécies de árvores de florestas tropicais secas de folha caduca e de florestas tropicais secas de espinhos no Santuário de Vida Selvagem de Madumalai, no Sul da Índia. Observaram que as frequências de isolamento de endófitos culturais aumentavam em ambos os tipos de floresta durante a estação húmida.

## Capítulo 5

### Especificidade de tecidos, órgãos e hospedeiros em fungos endófitos

Existem poucos relatórios sobre a especificidade de tecidos e órgãos dos fungos endofíticos, embora os fungos endofíticos tenham sido recuperados de quase todos os tecidos aéreos. Carroll *et al.* (1977) sugeriram pela primeira vez a especificidade do tecido e mencionaram que os endófitos colonizam mais frequentemente o pecíolo do que outra porção distal das agulhas. A especificidade de órgão dos fungos endofíticos foi demonstrada pela primeira vez a partir de plantas de trigo (Sieber 1985). Posteriormente, foi registada em *Picea abies* L., abeto da Noruega e abeto branco (Sieber 1988, 1989). Os fungos endofíticos de *Alnus glutinosa* L Gaertn. mostraram alguma especificidade de órgão onde as raízes aquáticas e terrestres foram colonizadas por duas populações diferentes (Fisher *et al.* 1991). A especificidade de órgão dos fungos endofíticos pode ser devida à adaptação a condições microecológicas e fisiológicas particulares (microcosmos) presentes num determinado órgão (Petrini *et al.* 1992). A especificidade de tecido exibida pelos endófitos também é relatada como um resultado da sua adaptação a diversas condições fisiológicas nas plantas (Rodrigues e Samuels 1999). No entanto, outros estudos também confirmaram um certo grau de especificidade tecidular nos endófitos (Fisher e Petrini 1990; Frohlich *et al.* 2000; Wang e Guo 2007).

A revisão da literatura revela que os fungos endofíticos também mostraram uma especificidade significativa do hospedeiro, para além da especificidade de tecido e órgão, semelhante a outros grupos como os fungos micorrízicos, o carvão e a ferrugem (Fisher e Petrini 1990; Petrini 1986). Também foram observadas comunidades endofíticas que colonizam plantas Ericáceas distintas no mesmo local e, mais tarde, observou-se a especificidade do hospedeiro ao nível da família (Petrini 1986). Petrini e Fisher (1988) estudaram a especificidade do hospedeiro de comunidades de fungos endofíticos de *Pinus sylvestris* L. e *Fagussyl vatica* L. que cresciam no mesmo local. Em anos subsequentes, estudos independentes em diferentes plantas hospedeiras confirmaram que cada espécie de planta alberga uma comunidade endofítica específica (Sieber e Hugentobler 1987; Sieber *et al.* 1991). Houve vários relatórios de estudos independentes na Índia sobre a especificidade de tecidos, órgãos e hospedeiros. Suryanarayanan e Vijay krishna (2001) estudaram a especificidade de tecidos em endófitos de *Ficus benghalensis Linn.* Além disso, Raviraja (2005) analisou cinco espécies diferentes de plantas medicinais, nomeadamente *Bauhinia phoenicea* Heyne ex Wight Arn., *Adhatoda zeylanica* Medik., *Clerodendron serratum* (Linn.), *Nicotinifolia Heyne, Callicarpa tomentosa* Murr., recolhidas na cordilheira de Kudremukh nos Ghats ocidentais da Índia, para determinar a sua associação endofítica e confirmou a especificidade do hospedeiro e do tecido dos fungos endofíticos. Os conjuntos de fungos endofíticos de seis árvores de importância etno-farmacêutica foram estudados quanto à especificidade do hospedeiro (Tejesvi *et al.* 2006). Os fungos endofíticos foram considerados específicos do hospedeiro em *Cuscuta reflexa* Roxb. e nos seus 7 hospedeiros angiospérmicos noutro estudo separado (Suryanarayanan *et al.* 2000).

# Capítulo 6

## Relação entre os fungos endofíticos e a planta hospedeira

As comunidades naturais contêm ligações complexas entre um número de espécies. Pensa-se que a associação hospedeiro-endófito é complexa e difere de hospedeiro para hospedeiro e de endófito para endófito. Os microrganismos endofíticos ocupam um nicho relativamente privilegiado no interior da planta e contribuem geralmente para a saúde da planta. A capacidade de os organismos se relacionarem entre si a longo prazo, de forma estreita e variada, como é o caso das plantas e dos micróbios a elas ligados, é atualmente reconhecida como um fenómeno ecológico comum. O fenómeno alargado das associações simbióticas entre plantas e endófitos pode variar entre parasitário e mutualista (Kogel *et al.* 2006). Entre os endófitos fúngicos e as suas plantas hospedeiras, ocorre uma série de relações, desde mutualistas ou simbióticas a antagónicas ou ligeiramente patogénicas (Schulz e Boyle 2005; Arnold *et al.* 2007). O estudo da relação entre as plantas hospedeiras e os seus fungos endofíticos irá familiarizar-nos com a ecologia e a evolução dos endófitos com os seus hospedeiros: os factores ecológicos que têm impacto na rota e na força da interação entre os endófitos e as plantas hospedeiras; a evolução das simbioses entre endófitos e plantas (Saikkonen *et al.* 1998).

# Capítulo 7

## Aplicações dos fungos endofíticos

Os endófitos fúngicos representam uma componente importante, mas críptica, da biodiversidade fúngica da Terra e compreendem uma miríade de interacções com outros organismos, embora pouco conhecidas. Os micróbios endofíticos podem, aumentar a resistência do hospedeiro a tensões ambientais, modificar as características fisiológicas do hospedeiro, aumentar a hormona de crescimento das plantas e formar outros complexos biologicamente activos (Azevedo *et al.* 2000) que são de enorme utilidade na regulação de fitopatógenos e no incentivo ao crescimento e desenvolvimento das plantas (Lacava *et al.* 2006).

### 7.1 Papel fisiológico dos endófitos fúngicos

As populações endofíticas de plantas desempenham um papel imperativo no crescimento e desenvolvimento das plantas hospedeiras. As plantas infestadas com micróbios endofíticos são frequentemente mais saudáveis do que as plantas não infectadas com endófitos (Waller *et al.* 2005). Este efeito pode dever-se, em parte, ao facto de os endófitos poderem aumentar a absorção de nutrientes pelos seus hospedeiros (Reis *et al.* 2000; Lyons 1990) e de fósforo (Guo *et al.* 2000) e/ou, em parte, à produção de fitohormonas pelos endófitos, como as citocinas, o ácido indol-3-acético e outros constituintes que estimulam o crescimento das plantas, e ao facto de controlarem as qualidades nutricionais, como a relação carbono/azoto (Raps e Vidal 1998). A deteção e o isolamento de constituintes antimicrobianos biossintetizados por endófitos microbianos, como alcalóides, antibióticos e micotoxinas, têm aumentado (Kunke *et al.* 2004).

Vários investigadores estudaram o papel desempenhado pelos micróbios endofíticos na fisiologia da planta hospedeira. Os endófitos reduzem ou previnem o stress da planta hospedeira através da interação direta ou indireta com a absorção de nutrientes minerais (Malinowski *et al.* 2000). Os endófitos fúngicos utilizam o seu esforço não apenas na produção e armazenamento de álcoois e açúcares em espécies tolerantes à seca (Richardson *et al.* 1992), mas também na alteração das características das folhas das plantas, o que diminui a mortalidade por transpiração (Richardson *et al.* 1990; Elmi *et al.* 2000). Os micróbios endofíticos podem proteger as suas plantas, impedindo o transporte de metais pesados e a acumulação de metais nos tecidos da planta hospedeira sob stress de metais pesados (Liao *et al.* 2003).

### 7.2 Papel ecológico

Os endófitos microbianos apresentam um carácter significativo nos nichos ecológicos, modificando diferentes populações de plantas e facilitando as comunicações ecológicas (Ganley *et al.* 2004). Os endófitos fúngicos desempenham novos papéis ecológicos em algumas plantas (por exemplo, tolerância térmica de diferentes plantas) (Ganley *et al.* 2002). Reconhece-se que os endófitos predominantes produzem alcalóides letais que impedem os herbívoros em gramíneas e outras plantas herbáceas (Wilkinson *et al.* 2000; Braun *et al.* 2003). Os micróbios endofíticos ajudam as plantas lenhosas em funções de defesa específicas ou, mais geralmente, ajudam a reduzir ou a contornar os danos causados por agentes patogénicos (Arnold *et al.* 2003). No leste dos EUA, um trabalho de investigação de variedades de plantas em áreas sucessionais mostrou que o desenvolvimento da relação entre *Neotyphodium coenophialum* e festuca alta diminuiu a biodiversidade das plantas (Clay e Holah 1999). A causa foi descrita como o aumento do nível de toxinas alcalóides resultantes da relação com o endófito hospedeiro, que pode alterar os desenhos alimentares de insectos, aves e pequenos mamíferos herbívoros, alterando assim a organização da comunidade. O grande impacto foi demonstrado pelos endófitos de gramíneas na regulação das teias alimentares terrestres (Omacini *et al.* 2001). Os endófitos foliares das gramíneas podem afetar a decomposição da folhada e o ciclo de nutrientes e carbono, alterando a eminência da folhada para os detritívoros ou o mini-ambiente para a decomposição (Yong *et al.* 2005).

### 7.3 Aplicações farmacêuticas dos endófitos

Os metabolitos secundários dos microrganismos são extremamente importantes para a saúde e os benefícios nutricionais do ser humano. Estes metabolitos têm uma importância financeira incrível. A variedade de fungos endófitos que estão presentes nas plantas representa uma base significativa de produtos naturais bioactivos com aplicação iminente nos domínios agrícola e farmacêutico (Schulz *et al.* 2002). Nos últimos anos, os fungos endofíticos têm suscitado uma grande atenção pelo papel promissor que podem desempenhar como fontes substitutas imperativas de novos metabolitos vegetais. De acordo com Owen e Hundley (2004), os endofíticos são os sintetizadores químicos no interior das plantas. Estes endófitos são capazes de produzir complexos bioactivos que podem ser possíveis bases de fármacos importantes do ponto de vista farmacêutico. A variedade química dos metabolitos secundários produzidos pelos fungos endofíticos considerou-os benéficos para o desenvolvimento de novos fármacos. Os novos compostos antitumorais, antibacterianos, anti-inflamatórios, antivirais, antifúngicos e outros têm sido produzidos por diferentes fungos endofíticos (Yu *et al.* 2010; Guo *et al.* 2008). De Souza *et al.* (2011), Aly *et al.* (2011) e Gutierrez *et al.* (2012) descreveram em revisões separadas de tempos em tempos as informações completas sobre complexos isolados de diferentes endófitos fúngicos de 1995-2012, compuseram sua toxicologia, fotoquímica, botânica e farmacologia e deliberaram os prováveis desvios, a oportunidade para futuras pesquisas de endófitos. A produção de complexos bioactivos por micróbios endofíticos e a utilização destes compostos no desenvolvimento da biotransformação foi estudada por diferentes cientistas de todo o mundo. Em todas as plantas superiores, os endófitos estão universalmente presentes, pelo que esta foi a lógica subjacente ao facto de as plantas poderem ajudar alguns micróbios endofíticos que poderiam produzir fitoquímicos significativos das plantas medicinais hospedeiras e do próprio endófito. A produção de compostos antioxidantes, antimicrobianos e anticancerígenos pelos endófitos fúngicos foi inferida através da ilustração do seu potencial para utilização humana.

Mais de 20.000 compostos de origem microbiana foram descritos na literatura. Os produtos naturais dos micróbios incorporam um recurso vasto e principalmente inexplorado de estruturas químicas distintas que foram optimizadas pela evolução e são moldadas para comunicação em resposta a variações nos seus ambientes, incluindo o stress ecológico. Assim, os microrganismos devem ser designados por "artistas metabólicos" superiores a uma diversidade metabólica criada pelo homem (Bode *et al.* 2002). Por conseguinte, se o fármaco de origem microbiana fosse acessível, isso poderia abolir a necessidade de cultivar e extrair as plantas de baixo crescimento e comparativamente ameaçadas. A produção de medicamentos por fermentação também reduziria o preço dos medicamentos (Strobel 2003). Assim, a produção de metabolitos naturais por endófitos protege os recursos naturais *através da* produção de fármacos de importância farmacêutica produzidos por plantas por fermentação (Cui *et al.* 2012). Parece que os endófitos representam uma fonte potencial para a procura de novos metabolitos bioactivos, como é óbvio a partir da organização de mais de 400 produtos naturais de 128 endófitos; dos quais o máximo tem novas estruturas e/ou aplicações biológicas úteis (Gunatilaka 2006).

## Referências

Agarwal, J. S., Rastogi, R.P. e Srivastava, O.P. (1976). Toxicidade *in-vitro* de constituintes de *Rumex maritimus* Linn. para fungos de micose. *Current Science* **45**: 619-20.

Agrios, G. (1997). Fitopatologia. 4ª edição. *Academic Press*, San Diego, Califórnia.

Aly, A.H., Debbab, A., Clements, C., Ebel, R.A.E., Orlikova. B., Diederich, M., Wray, V., Lin, W.H. e Proksch, P. (2011). Inibidores de NF kappa B e metabolitos antitrypanosomal do fungo endofítico *Penicillium sp*. isolado de *Limonium tubiflorum*. *Bioorganic and Medicinal Chemistry* **19**: 414-421.

Sociedade Americana do Cancro. (2009). Cancer Facts & Figures (Factos e números sobre o cancro). *American Cancer Society*, Atlanta, Ga, EUA.

Amirita, A., Sindhu, P., Swetha, J., Vasanthi, N.S. e Kannan, K.P. (2012). Enumeração de fungos endofíticos de plantas medicinais e rastreio de enzimas extracelulares. *Revista Mundial de Microbiologia e Biotecnologia* **2**: 13-19.

Amna, T., Puri, S.C., Verma, V., Sharma, J.P., Khajuria, R.K., Musarrat, J., Spiteller, M. e Qazi, G.N.

(2006) . Estudos em bioreactor sobre o fungo endofítico *Entrophosporain frequens* para a produção de um alcaloide anticancerígeno, a camptotecina. *Jornal Canadiano de Microbiologia* **52**: 189-196.

Angela, M., Mitchell, Gary, A. S., Emily, M., Richard, R. e Joe, S. (2006). Antimicrobianos voláteis de *Muscodor crispans*, um novo fungo endofítico. *Microbiologia* **156**: 270-277.

Aradhana, Rao, A.R. e Kale, R.K. (1992). Diosgenina - Um estimulador de crescimento da glândula mamária do rato ovariectomizado. *Indian Journal of Experimental Biology* **30**: 367-370.

Arnold, A. E. (2001). Endófitos fúngicos em árvores neotropicais: abundância, diversidade e interacções ecológicas. In: K. N. Ganeshiah, R. Uma Shaankar, K. S., Bawa (Eds.). Tropical ecosystems: structure, diversity, and human welfare. pp. 739-743. Oxford e IBH publishing Co. Pvt. Ltd Nova Deli, Índia.

Arnold, A. E. e Herre, E. A. (2003). A cobertura do dossel e a idade da folha afectam a colonização por endófitos de fungos tropicais: Padrão ecológico e processo em *Theobroma cacaon* (Malvaceae). *Mycologia* **95**: 388-398.

Arnold, A. E., Mejia, L. C., Kyllo, D., Rojas, E. I., Maynard, Z., Robins, N. e Herre,

E. A. (2003). Os endófitos fúngicos limitam os danos causados por agentes patogénicos numa árvore tropical. *Proceedings of Natural Academy of Science* **100**: 15649-15654.

Arnold, A.E. (2007). Compreender a diversidade dos fungos endofíticos foliares, progressos, desafios e fronteiras. *Fungal Biology Reviews* **21**: 51- 66.

Arnold, A.E., Maynard, Z. e Gilbert, G.S. (2001). Endófitos fúngicos em árvores dicotiledóneas neotropicais: padrões de abundância e diversidade. *Mycological research* **105**: 1502-1507.

Arnold, A.E., Maynard, Z., Gilbert, G.S., Coley, P.D. e Kursar, T.A. (2000). Are tropical fungal endophytes hyperdiverse. *Ecology Letters* **3**: 267274.

Arnold, L. D. (2000). Pequenos insectos, grandes negócios: The economic power of the microbe. *Biotechnology Advances* **18**: 499-514.

Arnold, L. D. e Sergio, S. (2009). Descoberta de medicamentos microbianos: 80 anos de progresso. *Journal of Antibiotics* **62**: 5-16.

Ausubel F.M., Brent, R., Kingston, R.E., Moore, D.D., Seidman, J.G., Smith, J.A. e Struhl, K. (1994).

Protocolos actuais em biologia molecular. pp 2.0.12.14.8. John Wiley and Sons, Nova Iorque.

Azevedo, J.L., Jr, W.M., Pereira, J.O. e Araujo, W.L. (2000). Microrganismos endofíticos: Uma revisão sobre o controlo de insectos e avanços recentes em plantas tropicais. *Revista Eletrónica de Biotecnologia* **3**: 4065.

Bacon, C. W., Porter, J. K., Robbins, J. D e Luttrell, E. S. (1977). Epichloc[1] typhina from toxic tall fescue grasses. *Applied and Environmental Microbiology* **34**: 576-581.

Bacon, C.W. e White, J.F. (2000). Microbial Endophytes. pp. 4-5. Marcel Dekker Inc, Nova Iorque.

Bacon, C.W., Porter, J.K. e Robbins, J.D. (1975). Toxicidade e ocorrência de *Balansia* em gramíneas de pastagens de festuca tóxica. *Applied Microbiology* **29**: 553-556.

Bacon, P. E., McGarity, J.W., Hoult, E.H. e Alter, D. (1986). Concentração de azoto mineral do solo em ciclos de irrigação por inundação: Efeito do restolho de arroz e da gestão da fertilização. *Soil Biology and Biochemistry* **18**: 173-178.

Bamber, C.J. (1916). Plants of Punjab. Supdt. Government Printing Press, Panjab.

Banerjee, D. (2011). Diversidade de fungos endofíticos em plantas tropicais e subtropicais. *Research Journal of Microbiology* ***6:*** 54-62.

Barnes, J., Anderson, L. A. e Phillipson, J. D. (2001). Erva de São João (*Hypericum perforatum* L.): A review of its chemistry, pharmacology, and clinical properties. *Journal of Pharmacy and Pharmacology* **53**: 583-600.

Barnes, J., Anderson, L.A. e Phillipson, D.J. (2007). Sage. Herbal Medicines. 3rd Edition the

Pharmaceutical Press, Londres.

Benghuzzi, H.T., Tucci, M., Eckie, R. e Hughes, J. (2003). The effects of sustained delivery of diosgenin on the adrenal gland of female rats. *Biomedical Sciences Instrumentation* **39**: 335-340.

Bernstein, M. E. e Carroll, G. (1977). Fungos internos na *folhagem de abetos Douglas de* crescimento antigo. *Canadian Journal of Botany* **55**: 644-653.

Bertoni, M. D. e Cabral, D. (1988). Filosfera de Eucalyptus vimialis II: distribuição dos endófitos. *Nova Hedwigia* **46**: 491-502.

Bills, G. F. e Polishook, J. D. (1991). Micro-fungos de *Carpinus caroliniana*. *Canadian Journal of Botany* **69**: 1477-1482.

Boddy, L. e Griffith, G. S. (1989). Papel dos endófitos e da invasão latente no desenvolvimento de comunidades de decomposição em alburno de árvores angiospérmicas. *Sydowia* ***41:*** 41-73.

Bode, H.B., Bethe, B., Hofs, R. e Zeek, A. (2002). Grandes efeitos de pequenas alterações: formas possíveis de explorar a diversidade química da natureza. *ChemBioChem* ***3***: 619-627.

Boullard, B. (1988). Observações sobre a coevolução de fungos com hepáticas. In: K.A. Pirozynski e D. L. Hawks worth (Eds.).Coevolution of fungi with plants and animals. pp. 107-124. Academic Press, Londres, Reino Unido.

Brady, S.F., Wagenaar, M.M., Singh, M.P., Janso, J.E. e Clardy J. (2000). As citosporonas, novos antibióticos octatideos isolados de um fungo endofítico. *Organic Letters* ***14***: 4043-4046.

Braun, K., Romero, J., Liddell, C. e Creamer, R. (2003). Produção de swainsonina por endófitos fúngicos da erva daninha loco. *Mycological Research* ***107***: 980-988.

Brown, K. B., Hyde, K. D. e Guest, D.I. (1998). Preliminary studies on endophytic fungal communities of Musa acuminate species complex in Hong Kong and Australia. *Fungal Diversity* ***1***: 27-51.

Brundrett, M. C. (2002). Co-evolução de raízes e micorrizas de plantas terrestres. *New Phytologist* **154**: 275-304.

BrynDaisy, B.H., Strobel, G.A., Castillo, U., Ezra, D., Joe, S., David, K., Weaver e Justin, B. R. (2002). Naphthalene, um repelente de insectos, é produzido por *Muscodor vitigenus*, um novo fungo endofítico *Microbiology* **148**: 37373741.

Bush, L. P., Cornelius, R. C., Buckner, D. R., Varney, R. A., Chapman, P. B., Burrus II, C. W., Kennedy, T. A., Jones e Saunders, M. J. (1982). Association of Nacetyl loline and N-formyl loline with *Epichloe typhina* in tall fescue. *Crop Science* **22**:941.

Bush, L. P., Wilkinson, H. H. e Schardl, C. L. (1997). Alcalóides bioprotectores de simbioses de endófitos de fungos de gramíneas. *Fisiologia Vegetal* **114**: 1-7.

Bussaban, B., Lumyong, S., Lumyong, P., Hyde, K. D. e Mckenzie, E. H. C. (2001).Duas novas espécies de endófitos (ascomicetes) de Zingiberaceae. *Nova Hedwigia* **73**: 487-493.

Cabral, D., Stone, K. e Carroll, G.C. (1993). The internal mycobiota of *Juncus spp*. Observações microscópicas e culturais dos padrões de infeção. *Mycological Research* **97**: 367-376.

Cannell, R. J. P. (1998). Como abordar o isolamento de um produto natural, In: Cannell, R. J. P. (Ed.). Natural Products Isolation. pp. 1-51. Humana Press, Nova Jersey.

Cannon, P. F. e Simmons, C. M. (2002). Diversidade e preferência por hospedeiros de fungos endofíticos de folhas na Reserva Florestal de Iwokrama, Guiana. *Mycologia* **94**: 210-220.

Carlile, M. e Watkinson, S. C. (1989). Os fungos. Academic Press **6**: 983-987.

Carroll, F. E., Muller, E. e Sutton, B. C. (1977). Preliminary studies on the incidence of needle endophytes in some uropean conifers. *Sydowia* **29**: 87-103.

Cayci, M.K. e Dayioglu, H. (2009). Os extractos de *Hypericum perforatum* curaram as lesões gástricas induzidas pelo stress de restrição hipotérmica em ratos Wistar. *Saudi Medical Journal* **30**: 750-754.

Chandra S. (2012) Endophytic fungi: novel sources of anticancer lead molecules.

*Microbiologia Aplicada e Biotecnologia* **95**: 47-59.

Chen, D.C. (2000). Manual de Substâncias de Referência para Ervas Tradicionais Chinesas. pp. 42- 46. China Pharmaceutical Technology Publishing House, Pequim.

Chen, J., Hu, K.X., Hou, X.Q. e Guo, S.X. (2011). Conjuntos de fungos endofíticos de 10 plantas medicinais *Dendrobium* (Orchidaceae). *Jornal Mundial de Microbiologia e Biotecnologia* ***27:*** 1009-1016.

Chokpaiboon, S., Sommit, D., Teerawatananond, T., Muangsin, N., Bunyapaiboonsri, T. e Pudhom, K. (2010). Endoperóxidos citotóxicos de norchamigrane e chamigrane de um fungo basidiomiceto. *Jornal de Produtos Naturais* ***73***: 1005-1007.

Chun-Guang *et al*. (2010). Atividade antitumoral da emodina contra linhas celulares de leucemia mielocítica crónica humana K562 *in-vitro* e *in-vivo*. *Jornal Europeu de Farmacologia* 627-633.

Clay, K. e Holah, J. (1999). Fungal endophyte symbiosis and plantdiversity in successional fields. *Science* ***285***: 1742-1744.

Clay, K. e Schardl, C. (2002). Origens evolutivas e consequências ecológicas da simbiose de endófitos com gramíneas. *American Naturalist* ***160***: 99-127.

Cole, R. J. e Cox, R. H. (1981). A Handbook of Toxic Fungal Metabolites. pp 1-66.

Corbiere. C., Liagre, B., Bianchi, A., Bordji, K., Dauca, M., Netter, P. e Beneytout, J.L. (2003).

Contribuição diferente da apoptose para os efeitos antiproliferativos da diosgenina e de outros esteróides vegetais, hecogenina e tigogenina, em células de osteossarcoma humano 1547. *Jornal Internacional de Oncologia* **22**: 899-13.

Cragg, G.M., Newman, D. J. e Snader, K. M. (1997). Produtos naturais na descoberta e desenvolvimento de medicamentos. *Journal of Natural Products* **60**: 5260.

Cubit, J. D. (1974). Interacções entre factores físicos que mudam sazonalmente e o pastoreio que afecta as comunidades intertidais altas numa costa rochosa. Tese de doutoramento, Universidade de Oregon, Eugene.

Cuevas, C.A. (2003). New Antibiotics and New Resistance [Novos Antibióticos e Nova Resistência]. *American Scientist* **91**: 138-149.

Cyong, J. C., Matsumoto, T., Arakawa, K., Kiyohara, H., Yamada, H. e Otsuka, Y. (1987). Antibacteriosides Fragilus substância de ruibarbo. *Journal of Ethnopharmacology* **19**: 279283.

David, Y.L., Bertrand, L. e Philippe, P.C. (2005). Apoptose dependente da dose de diosgenina e indução de diferenciação na linha celular de leucemia eritro humana. *Analytical Biochemistry* **335**: 267-278.

de Bary, A. (1866). Morphologie und Physiologie der Pilze, Flechten, und Myxomyceten, (Vol. II), Hofmeister's Handbook of Physiological Botany, Leipzig, Alemanha.

de Bary, A. (1887). Comparative Morphology and Biology of the Fungi, Mycetozoa and Bacteria. Clarendon Press, Oxford, Reino Unido.

Debbab, A., Aly, A.H. e Proksch, P. (2011).Metabolitos secundários bioactivos de endófitos e fungos marinhos associados. *Fungal Diversity* ***49**:* 1-12.

Debbab, A., Aly, A.H. e Edrada-Ebel, R.A. (2009). Metabolitos secundários bioactivos do fungo endofítico *Chaetomium sp*. isolado de *Salvia officinalis* que cresce em Marrocos. *BiotechnologieAgronomievSociete et*

*Ambiente **13***: 229-234.

Demain, A. (1981). Microbiologia industrial. *Ciência **214***: 987-995.

Deng, B.W. (2009). *Fusarium solani*, Tax-3, um novo fungo endofítico produtor de taxol de *Taxus chinensis*. *Jornal Mundial de Microbiologia e* Biotecnologia ***25***: 139-143.

DerMarderosian, A. e Beutler, J. (2002). A revisão natural dos produtos. Factos e Comparações. St. Louis, MO.

Deshmukh, S.K., Mishra, P.D., Almeida, A.K., Verekar, S., Sahoo, M.R., Periyasamy, G., Goswami, H., Khanna, A., Balakrishnan, A. e Vishwakarma, R. (2009). Atividade anti-inflamatória e anticancerígena da ergo flavina isolada de um fungo endofítico. *Química e Biodiversidade* **6**: 784-789.

DeSouza, J.J., Vieira, I.J., Rodrigues-Filho, E. e Braz-Filho, R. (2011). Terpenóides de fungos endofíticos. *Molecules* **16**: 10604-10618.

Dhargalkar, S. e Bhat, D. J. (2009). *Echinosphaeria pteridis sp*. nov. e seu *anamorfo Vermiculariopsiella*. *Mycotaxon* **108**: 115-122.

Ding, G., Liu, S., Guo, L., Zhou, Y. e Che, Y. (2008). Metabolitos antifúngicos do fungo endofítico de plantas *Pestalotiopsis theae*. *Jornal de Produtos Naturais*

**71**: 615-618.

Dong, Y.M., Iniguez, A.L., e Triplett, E.W. (2003). Avaliações quantitativas da gama de hospedeiros e da especificidade de estirpes da colonização endofítica por *Klebsiella pneumonia* 342. *Solo vegetal* **257**: 49-59.

Dost, T., Ozkayran, H., Gokalp, F., Yenisey, C. e Birincioglu, M. (2009). O efeito do *Hypericum perforatum* (Erva de São João) na colite experimental em ratos. *Doenças e Ciências Digestivas* **54**: 1214-21.

Elmi, A. A., West, C. P., Robbin R. T. e Kirkpatrick, T. L. (2000). Efeitos de endófitos na reprodução de um nemátodo das galhas (*Meloidogyne marylandi*) e ajustamento osmótico em festuca alta. *Grass and Forage Science* **55**: 166-172.

Fakim, A.G. (2006) Medicinal plants: Tradições de ontem e medicamentos de amanhã. *Aspectos moleculares da medicina* **27**: 1-93.

Firakova, S., Sturdi'kova, M. e Muckova, M. (2007). Metabolitos secundários bioactivos produzidos por microrganismos associados a plantas. *Biologia* **62**: 251-257.

Fisher, P. J. (1996). Survival and spread of the endophytic *stagonospora pteridiicola* in *Pteridium aquilinum*, other ferns and some flowering plants. *New Phytopathologist* **132**: 199122.

Fisher, P. J. e Petrini, O. (1990). Um estudo comparativo de endófitos fúngicos no xilema e na casca de *espécies de Alnus* em Inglaterra e na Suíça. *Mycological Research* **94**: 313-319.

Fisher, P. J., Petrini, O. e Webster, J. (1991). *Hifomicetos* aquáticos e outros fungos em raízes aquáticas e terrestres vivas de *Alnus glutinosa. Mycological Research* **95**: 543-547.

Foster, S. e Duke, J. A. (2000). Eastern/Central Medicinal Plants and Herbs. *Houghton Mifflin Company.* The Peterson Field Guides Series. New York.

Frew, T., Powis, G., Berggren, M., Abraham, R. T., Ashendel, C. L., Zalkow, L. H., Hudson, C., Qazia, S., Gruszecka-Kowalik, E. e Merriman. R. (1994). Um ensaio multipoços para inibidores da fosfatidilinositol 3-quinase e a identificação de inibidores de produtos naturais. *Anticancer Research* **14**: 2425-2428.

Frohlich, J. e Hyde, K. D. (1999). Biodiversity of palm fungi in the tropics: are global fungal diversity estimates realistic? *Biodiversity Conservation* **8**: 977-1004.

Frohlich, J., Hyde, K. D. e Petrini, O. (2000). Fungos endofíticos associados a palmeiras. *Mycological Research* **104**: 1202-1212.

Galbley, S. e Thiericke, R. (1999). Drug Discovery from Nature, Series: Springer Desktop Editions in Chemistry, Springer, Berlim.

Gamboa, M. A. e Bayman, P. (2001). Comunidades de fungos endofíticos em folhas de uma árvore de madeira tropical (*Guarea guidonia*: Meliaceae). *Biotropica* **33**: 352-360.

Gangadevi, V. e Muthumary, J. (2008). Isolamento de *Colletotrichum gloeosporioides*, um novo fungo endofítico produtor de Taxol de *Justicia gendarussa. Mycologia Balcanica* **5**: 1-4.

Ganley R.J., Brunsfeld, S.J., e Newcombe, G. (2004). Uma comunidade de fungos endofíticos desconhecidos no pinheiro branco ocidental. *Natural Academic of Science*. U.S.A. **101**: 10107-10112.

Ganley, R. J., Brunsfeld, S. J. e Newcombe, G. (2002). Uma comunidade de fungos endofíticos desconhecidos no pinheiro branco ocidental. *Actas da Academia de Ciências Naturais dos Estados* Unidos da América **6**: 10107-10112.

Gaudilliere, Jean-Paul. (2005). Mais bem preparado do que sintetizado. Adolf Butenandt e Schering AG: Transformando esteróides sexuais em drogas, Estudos em História e Filosofia das Ciências Biológicas e Biomédicas **36**: 612-644.

Germaine, K., Keogh, E., Garcia-Cabellos, G., vander Lelie, D., Barac, T., Oeyen, L., Vangronsveld, J., Moore, F.P., Moore, E.R.B., Campbell, C.D., Ryan, D. e Dowling, D.N. (2004). Colonização de árvores populares por endófitos bacterianos que expressam gfp. *FEMS Microbiology Ecology* **48**: 109-118.

Girivasan, K.P. e Suryanarayanan, T. S. (2004). Folhas intactas como substrato para fungos: distribuição de endófitos e fungos filoplanos em palmeiras de rotim. *Czech* Mycology **56**: 33-43.

Gleason, H. A. e Cronquist, A. (1991). Manual of Vascular Plants of Northeastern United States and Adjacent Canada (Manual de Plantas Vasculares do Nordeste dos Estados Unidos e Canadá Adjacente). 2nd ed. *The New York Botanical Garden*. Bronx, NY.

Gloer, J. B. (2007). Em Aplicações da Ecologia Fúngica na Procura de Novos Produtos Naturais Bioactivos. Em: Kubicek, C. P., Druzhinina, I. S. (Eds.). pp 251-277. The Mycota. Springer-Verlag: Nova Iorque.

Gond S. K, Verma, V. C., Kumar, A. e Kharwar, R. N. (2007). Estudo da comunidade de fungos endofíticos de diferentes partes de *Aegle marmelos Correa* (Rutaceae) de Varanasi (Índia). *World Journal of Microbiology and Biotechnology* **23**: **13711375.**

Gonthier, P., Massimo, G. e Nicolotti, G. (2006). Efeitos do stress hídrico no micota endofítico de *Quercus robur*. *Fungal Diversity* **21**: 69-80.

Govindu, H. C. e Thirumalachar, M. J. (1961). Estudos sobre algumas espécies de *Ephelis e Balansia* que ocorrem na Índia. I. Descrição morfológica de algumas espécies de *Ephelis*. *Mycopath Mycol Appl* **14**: 189-197.

Govindu, H. C. e Thirumalachar, M. J. (1963). Estudos sobre algumas espécies de *Ephelisand balansia* que ocorrem na Índia. II. Descrição morfológica e taxonómica de algumas espécies de Balansia. *Mycopath Mycol Appl* **20**: 297-306.

Govindu, H. C. e Thirumalachar, M. J. (1973). Ephelisand its ascigerous stage Balansia in India. Em Taxonomy of fungi. Actas do simpósio internacional sobre taxonomia de fungos. pp. 328-334. Universidade de Madras, Parte 2, Madras, Índia.

Gunatilaka, A. A. L. (2006). Produtos naturais de microorganismos associados a plantas: Distribuição,

diversidade estrutural, bioatividade e implicações da sua ocorrência. *Journal of Natural Products* **69**: 509-526.

Guo, B., Wang, Y., Sun, X. e Tang, K. (2008). Produtos naturais bioactivos de endófitos: uma revisão. *Prikl Biokhim Mikrobiol* **44**: 153-158.

Guo, B., Wang, Y., Sun, X. e Tang, K. (2008). Produtos naturais bioactivos de endófitos: A

Revisão. *Applied Biochemistry and Microbiology* **44**: 136-142.

Guo, J. H., Qi, H.Y., Guo, Y.H., Ge, H. L., Gong, L.Y., Zhang, L. X. e Sun, P. H. (2004). Biocontrolo da murchidão do tomateiro por rizobactérias promotoras do crescimento das plantas. *Biological Control* **29**: 66-72.

Guo, L. D., Hyde, K. D. e Liew, E. C. Y. (2000). Identificação de fungos endofíticos de *Livistona chinensis* com base na morfologia e nas sequências de rDNA. *New Phytologist* **147**: 617-630.

Guo, L., Wu, J., Han, T., Cao, T., Rahman K. e Qin, L. (2008). Composição química, propriedades antifúngicas e antitumorais de extractos de éter de *Scapania verrucosa* Heeg. e do seu fungo endofítico *Chaetomium fusiforme*. *Moléculas* **13**: 2114-2125.

Gutierrez, R.M., Gonzalez, A.M. e Ramirez, A.M. (2012). Compostos derivados de endófitos: uma revisão de fitoquímica e farmacologia. *Química Medicinal Atual* **19**: 2992-3030.

Haiyan, Z., Bedgood Jr, D.R., Bishop, A.G., Prenzler, P.D., Roberds, K. (2005). Biofenol endógeno, ácido gordo e perfis voláteis de óleos seleccionados. *Food Chemistry* **100**: 1544-1551.

Hallmann, J., Mahaffee, W.F., Kloepper, J.W. e Quadthallmann, A. (1997). Bacterial endophytes in agricultural crops. *Canadian Journal of* Microbiology **43**: 895-914.

Hamburger, M. e Hostettmann, K. (1991). Bioactivity in plants: the link between phytochemistry and medicine. *Phytochemistry* **30**: 3864-3874.

Hamburger, M., Marston, A. e Hostettmann, K. (1991). Procura de novos fármacos de origem vegetal. *Advances in Drug Research* **20**: 167-215.

Hardy, T.N., Clay, K. e Hammond, A.M. (1986). Idade da folha e factores relacionados que afectam a resistência mediada por endófitos à lagarta do cartucho (*Lepidoptera: Noctuidae*) em festuca alta. *Environmental Entomology* **15**: 1083-1089.

Harper, J.K., Ford, E.J., Strobel, G.A., Arif, A., Grant, D.M., Porco, J., Tomer, D.P. e Oneill, K. (2003). Pestacin: um 1,3,-dihidro isobenofurano de *Pestalotipsis microspora* com actividades antioxidantes e antimicóticas. *Tetrahedron* **59**: 2471-2476.

Harrison, P. (1998). A medicina herbal cria raízes na Alemanha. *Jornal da Associação Médica Canadiana* **10**: 637-639.

Harvey, A. (2000). Estratégias para a descoberta de medicamentos a partir de produtos naturais anteriormente inexplorados. *Drug Discovery Today* **5**: 294-300.

Harvey, H. E. e Waring, J. M. (1987). Antifúngicos e outros compostos isolados das raízes de plantas de linho da Nova Zelândia (O género *Phormium*). *Journal of Natural Products* **50:** 767-76.

Hawksworth, D. L. (1988). The variety of fungal-algal symbioses, their evolutionary significance and the nature of lichens. *Botanical Journal of the Linnean Society* **96**: 3-20.

Hawksworth, D. L. (2001). The magnitude of fungal diversity: the 1.5 million species estimate revisited. *Mycological Research* **105**: 1422-1432.

Heckman, D. S., Geiser, D. M., Eidell B. R., Stauffer, R. L., Kardos, N. L. e Hedges S. B. (2001). Molecular evidence for the early colonization of land by fungi and plants. *Science* **293**: 1129-1133.

Heo, S.K., Yun, H.J., Park, W.H. e Park, S.D. (2008). A emodina inibe a proliferação de células do músculo liso da aorta humana induzida por TNF-alfa *através de* caspase e apoptose dependente de mitocôndrias. *Journal of Cellular Biochemistry* **105**: 70-80.

Hooker, J.D. (1882). The Flora British India **3**: 323.

Hormazabal, E. e Piontelli, E. (2009). Fungos endofíticos de gimnospérmicas chilenas: atividade antimicrobiana contra fungos humanos e fitopatogénicos. *Revista Mundial de Microbiologia e Biotecnologia* **25**: 813-819.

Houghton, P., Fang, R., Techatanawat, I., Stevanton, G. e Hylands P.I.( 2007).The sulpharhod -amine assay and other approaches to testing plant extracts and derived compounds for activities related to reputed anticancer activity. *Método* **42**: 377-387.

Hsu, C.M., Hsu, Y.A., Tsai, Y., Shieh, F.K., Huang, S.H., Wan, L. e Tsai, F.J. (2010). Emodin inibe o crescimento de células de hepatoma: encontrar a via anti-cancerígena comum utilizando células Huh7, Hep3B e HepG2. *Biochemical and Biophysical Research Communications* **392**: 4738.

Hu, F., Cheng, Y.P., Wang, Z.Y., Fan, Y.X. e Li, C.Y. (2008). Progresso e perspectivas de fungos endofíticos em plantas medicinais. *Biotechnology letters* **19**: 781-783.

Huang, W.Y., Cai, Y.Z., Surveswaran, S., Hyde, K.D., Corke, H. e Sun, M. (2009). Identificação filogenética molecular de fungos endofíticos isolados de três *espécies de Artemisia. Fungal Diversity* **36**: 69-88.

Huang, Q., Shen, H.M., Shui, G., Wenk, M.R. e Ong, C.N. (2006). A emodina inibe a adesão das células tumorais através da perturbação da via de sinalização da integrina associada à jangada lipídica da membrana. *Investigação sobre o cancro* ***66**:* 5807-5815.

Huang, W. Y., Cai Y-Z., Hyde, K.D., Corke, H., Sun, M. (2007). Fungos endofíticos de *Nerium oleander* L (Apocynaceae): principais constituintes e atividade antioxidante. *Jornal Mundial de Microbiologia e Biotecnologia **23***: 1253-1263.

Huang, X.Z., Wang, J., Huang, C., Chen, Y.Y., Shi, G.Y., Hu, Q.S. e Yi. (2008). A emodina aumenta a citotoxicidade de fármacos quimioterapêuticos em células de cancro da próstata: os mecanismos envolvem a supressão mediada por ROS da resistência a múltiplos fármacos e do fator induzível por hipoxia-1. *Cancer Biology and Therapy* ***7:*** 468-475.

Huang, Y.P. e Ling, Y. R. (1996). Compositae económicas na China. In: P.D.S. Caligari e D.J.N. Hind (eds.). Compositae: Biology and Utilization. *Actas da Conferência Internacional de Compositae.* ***2***: 431-451. Royal Botanic Gardens, Kew.

Husain, A., Virmani, Sharma, O. P., Kumar, A., Anup e Misra, L.N. (1988). Major Essential OilBearing Plants of India. pp 1-237. CIMAP, Lucknow.

Hyde, K.D. e Soytong, K. (2008). O dilema dos endófitos fúngicos. *Fungal Diversity* ***33***: 163173.

Inamori, Y., Kato, Y., Kubo, M., Kamiki, T., Takemoto, T. e Nomoto, K. (1983). Estudos sobre metabolitos produzidos por *Aspergillus terreus* var. aureus. I. Estruturas químicas e actividades antimicrobianas de metabolitos isolados do caldo de cultura. *Boletim Químico e Farmacêutico* ***31:*** 4543-4548.

Jadulco, R., Brauers, G., Edrada, R.A., Ebel, R., Wray, V., Sudarsono, V. e Proksch, P. (2002). Novos metabolitos de fungos derivados de esponjas *Curvularia lunata* e *Cladosporium herbarum*. *Journal of Natural Products* ***65***: 730-733.

Jayasuriya, H., Koonchanok, N.M., Geahlen, R.L., McLaughlin, J.L. e Chang, C.J. (1992). Emodin, um inibidor da proteína tirosina quinase de *Polygonum cuspidatum*. *Journal of Natural Products* ***55***: 696-698.

Jia, L., Liu, X. e Guo, M., Liu, Y., Liu, S. e Yao, S.

(2005). Estudo eletroquímico de células de cancro da mama MCF-7 e sua aplicação na avaliação do efeito da diosgenina. *Anais da Ciência* **21**: 561564.

Jia-Hui Pan, E. B., Gareth, J., Zhi-Gang, S., Ji-Yan, P. e Yong-Cheng, L. (2008). Revisão de compostos bioactivos de fungos do Mar do Sul da China. *Botanica Marina* **51**: 179-190.

Jian, M. F., Jie, Z., Jian, S., Jian-sheng, X., Li, H., Adrian, Y. S.Y., Wings, T. Y. L., Louis, W. C. C. e Elizabeth, L. Y. N. (2012). Emodin afeta a expressão de ERCC1 em células de câncer de mama. *Jornal de Medicina Translacional* **10**:

S7.

Jianglin, Z., Yan, M., Tijiang, S., Yan, L., Ligang, Z., Mingan, W. e Jingguo, W. (2010). Metabolitos antimicrobianos do fungo endofítico *Pichia guilliermondii* isolado de *Paris polyphylla* var.*Yunnanensis. Molecules* **15**: 79617970.

Jing, X., Ueki, N., Cheng, J., Imanishi, H. e Hada, T. (2002). Indução de apoptose em linhas celulares de carcinoma hepatocelular por emodina. *Jornal Japonês de Investigação do Cancro* **93**: 874-882.

Jones, W.B. (1998) Alternative medicine-learning from the past examining the present advancing to the future. *Jornal da Associação Médica Americana* **280**: 1616-1618.

Karthikeyan, S. (2009). Flowering plants of India in 19[th] and 21[th] centuries- A comparison In Plant and

Biodiversidade fúngica e bioprospecção. In: S. Krishanan e D. J. Bhat (Eds.). pp. 19-30. Universidade de Goa.

Kate, K.T. e Laird, S.A. (2000). The commercial use of biodiversity; access to genetic resources and benefit sharing, Londres, Reino Unido; Earthscan Publications Ltd.

Kaul, M. K. (1997). Medicinal plants of Kashmir and Ladakh: temperate and cold arid Himalaya. Indus Publishing, Nova Deli.

Kayser, O. e Quax, W.J. (2007). Biotecnologia de plantas medicinais: da investigação fundamental às aplicações industriais. Weinheim, Alemanha; Wiley- VCH Verlag Gmbh and Co. KgaA.

Kharwar, R. N., Verma, V. C., Kumar, A., Gond, S. K., Harper, J. K., Wilford M. H., Lobkovosky, E., Cong, M., Ren,Y. e Strobel, G. A. (2009). Javanicina, uma naftaquinona antibacteriana de um fungo endofítico de *Neem, Chloridium sp. Current Microbiology* **58**: 233-238.

Kharwar, R. N., Verma, V. C., Strobel, G. e Ezra, D. (2008). O complexo fúngico endofítico de *Catharanthus roseus* (L.) G. Don. *Ciência Atual* **95**: 228-233.

Kim H.Y., Choi G.J., Lee H.B., Lee S.W., Kim H.K., Jang K.S., Son S.W., Lee S.O., Cho k.Y., Sung N.D. e Kim J.C. (2007). Alguns endófitos fúngicos de culturas hortícolas e as suas actividades anti-oomicetes contra a requeima do tomateiro. *Cartas em Microbiologia Aplicada* **44**: 332-337.

Kim, S., Shin, D., Lee, T. e Oh, K. (2004). Periconicinas, dois novos diterpenos fusicoccanos produzidos por um fungo endofítico *Periconia sp.* com atividade antibacteriana. *Journal of Natural Products* **67**: 448-450.

Kirk, P. M., Cannon, P. F., Minter, D. W. e Stalpers, J. A. (2008). Ainsworth and Bisby's Dictionary of the Fungi (Dicionário de Fungos de Ainsworth e Bisby).

*10*: 771. Cromwell Press: Trowbridge.

Klayman, D.L., Lin. A. J., Action. N., Scovill. J. P., Hoch. J. M., Milhous. W. K., Theoharides, A. D. e Dobeck, A. S. (1984). Isolamento de Artimisinin (Quinhaosu) de *Artemisia annua* que cresce nos Estados Unidos. *Journal of Natural Products* ***47***: 715-717.

Ko, J. C., Su, Y. J. e Lin, S. T, Jhan, J. Y., Ciou, S. C., Cheng, C. M., Chiu, Y. F., Kuo, Y. H., Tsai, M. S. e Lin, Y. W. (2010). A emodina aumenta a citotoxicidade induzida pela cisplatina através da regulação negativa de ERCC1 e da inativação de ERK1/2. *Cancro do pulmão* ***69***: 155-164.

Ko, J. C., Su, Y. J., Lin, S.T, Jhanb, J-Y., Cioub, S-C., Chengb, C-M. e Linb, Y-W. (2010). A supressão da expressão de ERCC1 e Rad51 através da inativação de ERK1/2 é essencial na citotoxicidade mediada pela emodina em células humanas de cancro do pulmão de células não pequenas. *Biochemical Pharmacology* **79**: 655-64.

Kogel, K. H., Franken, P. e Kelhoven, R. H. (2006). Endófito ou parasita - o que é que decide? *Opinião atual em Biologia Vegetal* **9**: 358-363.

Korkina, L.G. (2007). Phenyl-propanoids as naturally occurring antioxidants: from plant defense to human health. *Cellular and Molecular Biology* **53**: 15-25.

Kowalski, T. e Kehr, R. D. (1996). Fungos endófitos de bases de ramos vivos em várias espécies de árvores europeias. In: S.C. Redlin e L.M. Carris (Eds.). Endophytes fungi in grasses and woody plants. pp. 67-86. American Phytopathlogical Society, St. Paul.

Kunkel, B. A., Grewal, P. S. e Quigley, M. F. (2004). Um mecanismo de reisistência adquirida contra um nemátodo entomopatogénico por *Agrotis ipsilon* que se alimenta de uma planta perene que abriga um endófito fúngico. *Controlo Biológico* **29**: 100-108.

Kusari, S., Lamshoft, M e Spiteller, M. (2009). *Aspergillus fumigates* Fresenius, um fungo endofítico de *Juniperus communis* L. Horstmann como uma nova fonte do pró-fármaco anticancerígeno desoxi-podofilotoxina. *Journal of Applied Microbiology* **107**: 1019-1030.

Kusari, S., Lamshoft, M., Zuhlke, S. e Spiteller, M. (2008). Um fungo endofítico de *Hypericum perforatum* que produz hipericina. *Jornal de Produtos Naturais **71**:* 159-162.

Lacava, P.T., Li, W. B., Araujo, W. L., Azevedo, J. L. e Hartung, J. S. (2006). Ensaios rápidos, específicos e quantitativos para a deteção da bactéria endofítica *Methylobacterium mesophilicum* em plantas. *Journal of Microbiol Methods* ***65***: 535-541.

Lai, J.M., Chang, J.T., Wen, C.L. e Hsu, S.L. (2009). A emodina induz uma citotoxicidade dependente de espécies reactivas de oxigénio e mediada por ATM-p53-Bax em células de cancro do pulmão. *Jornal Europeu de Farmacologia* ***623***: 1-9.

Latch, G. C. M, Christensen, M. J. e Samuels, G. J. (1984). Five endophytes of *Lolium* and *Festucain* New Zealand. *Mycotaxon* ***20***: 535-550.

Lee, J. C., Strobel, G. A., Lobkovsky, E. e Clardy, J. ( 1996). Torreyanic acid: a selectively cytotoxic quinone dimer from the endophytic fungus *Pestalotiopsis microspore*. *Journal of Organic Chemistry* ***61***: 3232-3233.

Li, F., Fernandez, P.P., Rajendran, P., Hui, K.M. e Sethi, G. (2010). A diosgenina, uma saponina esteroidal, inibe a via de sinalização STAT3 levando à supressão da proliferação e quimiossensibilização de células de carcinoma hepatocelular humano. *Cancer Letters* **292**: 197-207.

Li, J. Y., Harper, J. K., Grant, D. M., Tombe, B. O., Bashyal, B., Hess, W. M. e Strobel, G. A. (2001). Ambuic acid, a highly functionalized cyclohexenone with antifungal activity from *Pestalotiopsis* sp. and *Monochaetia* sp. *Phytochemistry* **56:** 463-468.

Li, J. Y., Strobel, G., Harper, J., Lobkovsky, E. e Clardy, J. (2000). Cryptocin, um potente antimicótico de ácido tetrâmico do fungo endofítico *Cryptosporiopsis cf.* quercina. *Organic Letters* **2**: 767-770.

Li, W.C., Zhou, J. e Guo, L. D. (2007). Fungos endofíticos associados a líquenes na montanha Baihua de Pequim, China. *Fungal Diversity* **25**: 69-80.

Liu X., Dong M., Chen X., Jiang M., Lv, X. e. Zhou J. (2008). Atividade antimicrobiana de uma *Xylaria sp.*YX-28 endofítica e identificação do seu composto antimicrobiano 7-amino- 4- metilcumarina. *Microbiologia Aplicada e Biotecnologia* **78**: 241-247.

Liu, K., Ding, X., Deng, B. e Chen, W. (2010). 10Hydroxycamptothecin produzido por uma nova *Xylaria* sp. endofítica, M20, de *Camptotheca acuminate*. *Biotechnology Letters* **32**: 689-693.

Liu, X., Dong, M., Chen, X., Jiang, M., Lv, X. e Zhou, J. (2008). Atividade antimicrobiana de uma *Xylaria sp.*YX-28 endofítica e identificação do seu composto antimicrobiano 7-amino-4-metilcumarina. *Journal of Applied Microbiology Biotechnology* **78**: 241-247.

Lodge, D. J., Fisher, P. J. e Sutton, B. C. (1996). Fungos endofíticos de folhas de *Manilkara bidentata* em Porto Rico. *Mycologia* **88**: 733-738.

Lu, M. e Chen, Q. (1989). Estudo bioquímico do ruibarbo chinês. XXIX. Efeitos inibitórios dos derivados de antra quinona na leucemia P388 em ratos. *Jornal da Universidade Farmacêutica da China* **20**: 155-157.

Lyons, P. C., Evans, J. J., e Bacon, C. W. (1990). Effects of the fungal endophyte

*Acremonium coenophialum* on nitrogen accumulation and metabolism in Tall Fescue. *Fisiologia Vegetal* **92**: 726.

Lyons, P.C., Plattner, R.D e Bacon, C.W. (1986). Ocorrência de alcalóides de cravagem do centeio peptídicos e clavina em festuca alta. *Science* **232**: 487-489.

Ma, Y.S.1., Weng, S.W., Lin, M.W., Lu, C.C., Chiang, J.H., Yang, J.S., Lai, K.C., Lin, J.P., Tang, N.Y., Lin, J.G. e Chung, J.G. (2012). Efeitos antitumorais da emodina nas células cancerígenas do cólon humano LS1034 *in-vitro* e *in-vivo*: papéis da morte celular apoptótica e modelo de xenoenxertos tumorais LS1034. *Toxicologia alimentar e química* **50**: 1271-1278.

Majeed, R., Reddy, M.V., Chinthakindi, P.K., Sangwan, P.L., Hamid, A. e Chashoo, G. ( 2012). Derivados de bakuchiol como novos e potentes agentes citotóxicos: Um relatório. *Jornal Europeu de Química Medicinal* **49**: 55-67.

Malinowski, D. P., Brauer, D. K. e Belesky, D. P. (1999). O endófito *Neotyphodium coenophialum* afecta a morfologia radicular da festuca alta cultivada sob deficiência de fósforo.*Journal of Agronomy and. Crop Science* **183**: 53-60.

Man, S.L., Gao, W.Y., Zhang, Y.J., Huang, L.Q. e Liu, C.X. (2010). Estudo químico e aplicação médica de saponinas como agentes anti-cancerígenos. *Fitoterapia* **81**: 703-714.

Mann, J. (1994). Murder, Magic, and Medicine (Assassinato, Magia e Medicina). pp. 164170. Oxford University Press, Nova Iorque.

Manoharachary, C., Sridhar, K., Singh, R., Adholeya, A., Suryanarayanan, T. S., Rawat, S. e Johri, B. N. (2005). Fungal biodiversity: distribution, conservation and prospecting of fungi from India (Biodiversidade fúngica: distribuição, conservação e prospeção de fungos da Índia). *Current Science* **89**: 58-71.

Maria, G. L. e Sridhar, K. R. (2003). Conjunto de fungos endofíticos de dois halófitos de habitats de mangais da costa oeste, Índia. *Czech Mycology* **55**: 241-251.

McCloud, T. G. (2010). Extração de alto rendimento de espécimes vegetais, marinhos e fúngicos para preservação de moléculas biologicamente activas. *Molecules* **15**: 4526-4563.

Miller, C.M., Miller, R.V., Garton-Kenny, D., Redgrave, B., Sears, Condron, M.M. e Teplow, D.B. (1998). Antimicóticos únicos de Ecomicina de *Pseudomonas viridiflava*. *Journal of Applied Microbiology* **84**: 937-944.

Mirjalili, M.H., Farzaneh, M., Bonfill, M., Rezadoost, H. e Ghassempour, A. (2012). Isolamento e caraterização de *Stemphylium sedicola* SBU-16 como um novo fungo endofítico produtor de taxol de *Taxus baccata* cultivado no Irão. *FEMS Microbiology Letters* **328**: 122-129.

Mirunalini, S. e Shahira. (2011). Novos efeitos da diosgenina - um esteroide derivado de plantas; uma revisão. *Pharmacology Online* **1**: 726-736.

Misko, A.L. e Germida, J. (2002). Taxonomic and functional diversity of *pseudomonads* isolated from the roots of field-grown canola. *FEMS Microbiology Ecology* **42**: 399-407.

Mittermeier, R. A., Gil, R. P., Hoffman, M., Pilgrim, J., Brooks, T., Mittermeier, C. G., Lamoreux, J. e Fonseca, G. A. B. (2005). Hotspots revisitados: Earth's biologically richest and most endangered terrestrial ecoregions. Pp 392. Boston: University of Chicago Press.

Mittermeier, R. A., Myers, N., Gil, P. R. e Mittermeier, C. G. (1999). Hotspots: Earth's Biologically Richest and Most Endangered Ecoregions. CEMEX Conservation International, Washington, DC.

Moalic, S., Liagre, B., Corbiere, C. Bianchi, A., Dauga, M., Bordji, K. e Beneytout, J. L. (2001). Um esteroide vegetal, a diosgenina, induz a apoptose, a paragem do ciclo celular e a atividade da COX em células de osteossarcoma. *FEBS Letters* **506**: 225-230.

Momose, I., Sekizawa, R., Hosokawa, N., Linuma, H., Matsui, S., Nakamura, H., Naganawa, H., Hamada, M. e Takeuchi, T. (2000). Melleolides K, L e M, novos melleolides de *Armillariella mellea*. *Journal of Antibiotics* **53**: 137-143.

Muenscher W. C. (1946). Weeds. The Mac Millan Company. New York.

Murali, T. S., Suryanarayanan, T. S. e Venkatesa, G.

(2007). Fungalendophyte

em duas florestas tropicais do sul da Índia: diversidade e afiliação de hospedeiros. *Mycological Research* **6**: 191-199.

Nahrstedt, A. e Butterwick, V. (1997). Componentes biologicamente activos e outros constituintes químicos da erva

*Hypericum perforatum* L. *Farmacopsiquiatria* **30**: 129-34.

Nautiyal, B. P., Prakash, V., Maithani, U. C., Chauhan, R. S., Purohit, H. e Nautiyal, M. C. (2003). Germinabilidade, produtividade e desempenho económico

viabilidade de *Rheum emodi* Wall. ex

Meissn. Cultivada a baixa altitude. *Current Science* **84**: 143-148.

Newman, D.J. e Cragg G.M. (2007). Natural Products as Sources of New Drugs over the Last 25 Years (Produtos naturais como fontes de novos medicamentos nos últimos 25 anos). *Journal of Natural Products* **70**: 461-477.

Newman, D.J., Cragg, G.M. e Snader, K.M. (2003). Natural products as sources of new drugs over the period 1981-2002. *Journal of Natural Products* **66**: 1022-1037.

Nguyen, X. D. e Le, K. B. (1996). Desenvolvimento recente no estudo de Compositae do Vietname. In: D.J.N. Hind e H.J.Beentje (eds.). Compositae Systematics. *Actas da Conferência Internacional de Compositae*. **1**: 655-663. Royal Botanic Gardens, Kew.

Nithya, K. e Muthumary, J. (2010). Metabolito secundário de *phomopsis sp*. isolado de *Plumeria acutifolia* poiret. *Investigação recente em ciência e tecnologia* **2**: 99-103.

Omacini, M., Chaneton, E. J., Ghersa, C. M. e Muller, C. B. (2001). Endófitos fúngicos simbióticos

controlar as teias de interação inseto-hospedeiro-parasita.

*Nature* **409**: 78-81.

Oshio, H. e Kawamura, N. (1985). Determinação dos compostos laxantes do ruibarbo por cromatografia líquida de alta eficiência. *Shoyakugaku Zasshi* **39**: 131-138.

Owen, N.L. e Hundley, N. (2004). Endophytes-The chemical synthesizers inside plants (Endófitos - Os sintetizadores químicos dentro das plantas). *Science Progress* **87**: 79-99.

Peters, R. e Young, I.G. (1960). The Chemistry of Steroids, (Willmer Brother and Harman Ltd, Birkenhead), 112.

Petrini, O. (1986). Taxonomia de fungos endofíticos de tecidos vegetais aéreos. In: N. J. Fokkema, J. Van Den Heuvel (Eds.). pp. 175-187. Microbiology of the Phyllosphere . Cambridge University Press, Cambridge.

Petrini, O. (1991). Fungal endophytes of tree leaves. Ecologia microbiana das folhas. In: J. H. Andrews, e S. S. Monano (Eds.). Pp 179-197. SpringerVerlag, Nova Iorque.

Petrini, O., Sieber, T. N., Toti, L. e Viret, O. (1992). Ecologia, produção de metabolitos e utilização de substratos em fungos endofíticos. *Journal of Natural Toxins* **1**: 185-196.

Philipson, M. N. (1990). Um endófito sem sintomas do azevém (*Lolium perenne*) que esporula no seu hospedeiro - um estudo ao microscópio de luz. *New Zealand Journal of Botany* **27**: 513-519.

Phillipson, J. D. (1999). Novos medicamentos da natureza, pode ser o teixo. *Phytotherpy Research* **13**: 2.

Photita, W., Lumyong, S., Lumyong, P. e Hyde, K. D. (2001). Fungos endofíticos da banana selvagem (*Musa acuminata*) no Parque Nacional Doi Suthep Pui, Tailândia. *Mycological Research* **105**: 1508-1513.

Pisani, P., Parkin, D.M., Bray, F. e Ferlay, J. (1999). Estimativas da mortalidade mundial por 25 cancros em 1990. *International Journal of Cancer* **83**: 870-873.

Porter, J.K., Bacon, C.W., Cutler, H.G., Arrendale, R.F.e Robbins, J.D (1985). Produção de auxina *in vitro* por *Balansia epichloe. Phytochemistry* **24**: 1429-1431.

Puri, S.C., Nazir, A., Chawla, R., Arora, R., Hasan ,R.U.S., Amna, T., Ahmed, B., Verma, V., Singh, S., Sagar, R., Sharma, A., Kumar, R., Sharma, R.K. e Qazi, G.N. (2006). O fungo endofítico *Trametes hirsuta* como uma nova fonte alternativa de podofilotoxina e lignanas de aril tetralina relacionadas. *Jornal de Biotecnologia* **122**: 494-510.

Puri, S.C., Verma, V., Amna, T., Qazi, G.N. e Spiteller, M. (2005). Um fungo endofítico de

*Nothapodytes foetida* que produz camptotecina. *Jornal de Produtos Naturais* **68**: 1717-1719.

Qin, J.C., Zhang, Y.M. e Gao, J.M. (2009). Metabolitos bioactivos produzidos por *Chaetomium globosum*, um fungo endofítico isolado de *Ginkgo biloba. Bioorganic and Medicinal Chemistry Letters* **19**: 1572-1574.

Rajkumar, V., Guha,G. e Ashok Kumar, R.(2011). Potenciais antioxidantes e anti-cancerígenos dos extractos de rizoma de *Rheum emodi. Medicina Alternativa e Complementar Baseada em Evidências* doi:10.1093/ecam/neq048.

Raju, J., e Mehta, R. (2009). Efeitos quimiopreventivos e terapêuticos do cancro da diosgenina, uma saponina alimentar. *Nutrition and Cancer* **61**: 27-35.

Raman, P. e Tuck C. W (1993). Solasodine and Diosgenin: $^{1}$H e$^{13}$ CAssignments by TwoDimensional NMR Spectroscopy. *Ressonância Magnética em Química* **31**: 278-282.

Raps, A. e Vidal, S. (1998). Efeitos indirectos de um fungo endofítico não especializado nas interacções especializadas entre plantas e insectos herbívoros. *Oecologia* **114**: 541-547.

Raskin, I., Ribnicky, D.M., Komarnytsky, S., Ilic, N., Poulev, A., Borisjuk, N., Brinker, A., Moreno, D.A., Ripoll, C., Yakoby, N., O'Neal, J.M., Cornwell, T., Pastor, I e Fridlender, B. (2002).

As plantas e a saúde humana no século XXI. *Tendências em Biotecnologia* **20**: 522-31.

Rastogi, P. R. e Meharotra, B. N. (1990). Em Compêndio *de Plantas Medicinais Indianas*. Vol. I, 339; a) (1993) III: 194. PID, CSIR, Nova Deli, Índia.

Raviraja, N. S. (2005). Fungic endophytes in five medicinal plant species from Kudremukh Range, Western Ghats of India. *Journal of Basic Microbiology* **45**: 230-235.

Redman, R. S., Sheehan, K. B., Stout, R. G., Rodriguez, R. J. e Henson, J. M. (2002).

Thermo tolerance Generated by Plant/Fungal Symbiosis (Tolerância térmica gerada por simbiose entre plantas e fungos). *Ciência* **22**: 1581.

Rehman, S., Shawl, A.S., Verma, V., Kour, A., Athar, M., Andrabi, R., Sultan, P. e Qazi, G.N. (2008). Um *Neurosporasp.* endofítico de *Nothapodytes foetida* produzindo camptotecina. *Applied Biochemistry and Microbiology* **44**: 203-209.

Reis, V.M., Baldani, J.I., Baldani, V.L.D. e Dobereiner, J. (2000). Fixação biológica de N2 em gramíneas e palmeiras. *Critical Reviews in Plant Sciences* **19**: 227-247.

Richardson, M. D., Bacon, C. W. e Hoveland, C. S. (1990). in Proc. International Symposium on Neotyphodium/Grass Interacteractio. pp. 189- 193. Estação Experimental Agrícola do Louisiana, Baton Rouge, LA, EUA.

Richardson, M. D., G. W. Chapman, C. S. Hoveland e C. W. Bacon. (1992). Álcoois de açúcar em festuca alta infetada por endófitos sob seca. *Crop Science* **32**: 1060-1061.

Rodrigues, K. F. (1994). Os endófitos fúngicos foliares da palmeira amazónica *Euterpe oleracea. Mycologia* **86**: 376-385.

Rodrigues, K. F. (1996). Fungos endófitos de palmeiras. In Fungos endofíticos em gramíneas e plantas lenhosas. In: S. C. Reddin e L. M. Carris (Eds.). pp. 121132. APS Press, St. Paul.

Rodrigues, K. F. e Dias Filho, M. B. (1996). Endófitos fúngicos nas gramíneas tropicais *Brachiaria brizantha* cv. Marandu e *B. humidicola. Pesquisa Agropecuária Brasileira* **31**: 905-909.

Rodrigues, K. F. e Samueles, G. J. (1999). Fungos endófitos de folhas de *Spondias mombin* no Brasil. *Revista de Microbiologia Básica* **39**: 131-135.

Rodriguez, R. e Redman, R. (2008). Mais de 400 milhões de anos de evolução e algumas plantas ainda não conseguem sobreviver sozinhas: tolerância ao stress das plantas através da simbiose fúngica. *Journal of Experimental Botany* **59**: 1109-1114.

Rodriguez, R. J., White J. F. e Arnold A. E. (2009). Fungal endophytes: diversity and functional roles. *New Phytologist* **182**: 314-330.

Rodriguez, R.J. e Redman, R.S. (1997). Fungal life styles and ecosystem dynamics: biological aspects of plant pathogens, plant endophytes and saprophytes. *Avanços na Investigação Botânica* **24**: 169-193.

Rodriques, K. F. e Petrini, O. ( 1997). Biodiversidade de fungos endofíticos em regiões tropicais. In: K.D. Hyde (ed.). pp 57-69. *Biodiversity of tropical fungi*. Hong Kong University Press, Hong Kong.

Rosa, L. H., Goncalves, V. N., Caligiorne, R. B., Alves, T. M. A., Rabello, A., Sales, P. A., Romanha, A. J., Sobral, M. E. G., Rosa, C. A. e Zani, C. L.(2010). Atividades leishmanicida, tripanocida e citotóxica de fungos endofíticos associados a plantas bioativas no Brasil. *Revista Brasileira de Microbiologia* **41:** 114-122.

Rukachaisirikula, V., Sommarta, U., Phongpaichitb, S., Sakayarojc, J. e Kirtikarac, K. (2008).

Metabolitos do fungo endofítico *Phomopsis sp.* PSU-D15. *Phytochemistry* **69**: 783787.

Saikkonen, K. (2002). Kentucky-31, longe de casa. *Science* **287**: 1887.

Saikkonen, K., Faeth, S.H., Helander, M. e Sullivan, T.J. (1998). Fungal endophytes, A continuum of interactions with host plants. *Revisão Anual de Ecologia e Sistemática* **29**: 319-343.

Saikkonen, K., Wali, P., Helander, M. e Faeth, S.H. (2004). Evolução da simbiose entre plantas endófitas. *Tendências na ciência das plantas* **9**: 275-280.

Saikkonen, K., Wali, P., Helander, M. e Faeth, S.H. (2004). Metabolitos do fungo endofítico *Phomopsis sp. Phytochemistry* **69**: 783-787.

Sampson, K. (1933). The systemic Infection of grasses by *Epichloe typhina* (Pers.) *Tul. Transactions of the British mycological Society* **18**: 30-47.

Samuelsson, G. (1999). Drogas de origem natural: A Textbook of Pharmacognosy. 4th revised ed. Swedish Pharmaceutical Press, Estocolmo, Suécia.

Schneider-Yin, X., Kurmanaviciene, A., Roth M. (2009). A hipericina e a protoporfirina IX induzida pelo ácido 5-aminolevulínico induzem uma maior fototoxicidade nas células cancerígenas do endométrio humano com luz branca não coerente. *Photodiagnosis and Photodynamic Therapy* **6**: 12-8.

Schulz, B. e Boyle, C. (2005). The endophytic continuum. *Mycological Research* **109**: 661686.

Schulz, B., Boyle, C., Draeger, S. e Rommert, A.K. (2002). Fungos endofíticos, uma fonte de novos metabolitos secundários biologicamente activos. *Mycological Research* **106**: 996-1004.

Schulz, B., Wanke, U. e Draeger, S. (1993). Endofíticos de herbáceas e arbustos: Eficácia dos métodos de esterilização de superfícies. *Mycological Research* **97**: 1447-1450.

Schutz, B. (2001). Fungos endofíticos: uma fonte de novos metabolitos secundários biologicamente activos. Sociedade Micológica Britânica, Actas do Simpósio Internacional. Bioactive Fungal Metabolites- Impact and Exploitation. Universidade do País de Gales, Swansea.

Selosse, M. A. e Tacon, F. L. (1998). A flora terrestre: uma parceria fototrófico-fungo? *Tendências em Ecologia e Evolução* **13**: 15-20.

Shah, N.C. (2012). Construção de Herbário na Unidade ICMR (CCRAS) em (NBG) NBRI, Lucknow. *Herbal Technology* **7**: 25-31.

Shen, L.J., Beloussow, K. e Shen, W.C. (2006). Modulação das vias metabólicas da arginina como potencial mecanismo anti-tumoral da arginina deiminase recombinante. *Cancer Letters* **231**: 30-5.

Shen, P., Wang, S.L., Liu, X.K., Yang, C.R., Cai, B. e

Yao, X.S. (2002). Uma nova saponina esteroidal de

*Dioscorea deltoidea* Wall var. orbiculata. *Chinese Chemical Letters* **13**: 851-854.

Shweta, S., Zuehlke, S., Ramesha, B.T., Priti, V., Kumar, M.P., Ravikanth, G., Spiteller, M., Vasudeva, R. e Shaanker, U.R. (2010). As estirpes fúngicas endofíticas de *Fusariumsolani*, de *Apodytes dimidiate* E.Mey. ex Arn (Icacinaceae) produzem camptotecina, 10- hidroxicamptotecina e 9-metoxicamptotecina. *Phytochemistry* **71**: 117122.

Sieber, T. N. (1985). Endophytische Pilze von Winterweizen (*Triticum aestivum* L.). Ein Vergleich Zwischen Weizen aus gebeiztem and solchemaus ungebeiztem Saatgut. Tese de doutoramento. Zurique.

Sieber, T. N. (1988). Endophytische Pilze in Nadeln von gesunden und geschadigten Fichten [Picea abies (L.) Karst.]. *European Journal of Plant Pathology* **18**: 321-342.

Sieber, T. N. (1989). Endophytic fungi in twigs of healthy and diseased Norway spruce and white fir. *Mycological Research* **92**: 322-326.

Sieber, T. N. e Hugentobler, C. (1987). Endophytische Pilze in Blattern und Asten gesunder und geschadigter Buchen (Fagus sylvatica L.). *Jornal Europeu de Patologia Vegetal* **17**: 411425.

Sieber, T. N., Sieber-Canavesi, F. e Dorworth, C. E. (1991). Fungos endofíticos de fungos de amieiro (Alnus rubra) deixam e galho na Colúmbia Britânica. *Canadian Journal of Botany **69**:* 407-411.

Singh, B. e Macdonald, C. (2010). "Drug from uncultivable microbes", *Drug Discovery Today **15***: 792 - 799.

Singh, P. e Singh, C. L. (1981). Investigações químicas de Clerodendraon fragrans. *Jornal da Sociedade Indiana de Química **58***: 626-627.

Southcott, K. A. e Johnson, J. A. (1997). Isolamento de endófitos de duas espécies de palmeiras das Bermudas. *Canadian Journal of Microbiology **43***: 789-792.

Sprent, J. I. e E. K. James (2007). Evolução das leguminosas: Where do nodules and mycorrhizas fit in? *Plant Physiology* ***144***: 575-581.

Srinivas, G., Anto, R.J., Srinivas, P., Vidhyalakshmi, S., Senan, V.P. e Karunagaran, D. (2003). A emodina induz a apoptose de células de cancro do colo do útero humano através da clivagem da poli (ADP-ribose) polimerase e da ativação da caspase-9. *European Journal of Pharmacology* ***473***: 117-125.

Srinivasan, K., Jagadish, L.K., Shenbhagaraman, R. e Muthumary, J. (2010). Atividade antioxidante do fungo endofítico *Phyllosticta sp.* isolado de

*Guazuma tomentosa. Journal of Phytology* **2**: 3741.

Stadler, M. e Hellwig, V.(2005). Quimio-taxonomia das *Xylariaceae* e compostos bioactivos notáveis de *Xylariales* e das suas fases assexuadas associadas. *Desenvolvimentos recentes de investigação em fitoquímica* **9**: 41-93.

Stephanopoulos, G., Alper, H. e Moxley, J. (2004). Exploração da complexidade biológica para o melhoramento de estirpes através da biologia de sistemas. *Nature Biotechnology* **22**: 1261-1267.

Stewart R. K. (1972). Flora do Paquistão Ocidental. In: Nasirand S. I. Ali (Ed.). Fakhri Printing Press, Karachi.

Stierle, A., Strobel, G. A. e Stierle, D. (1993). Produção de taxol e taxano por *Taxomyces andreanae*, um fungo endofítico do teixo do Pacífico. *Science* **260:** 214-216.

Stierle, A., Strobel, G., Stierle, D., Grothaus, P. e Bignami, G. (1995). A procura de um micro-organismo produtor de taxol entre os fungos endofíticos do teixo do Pacífico, *Taxus brevifolia. Journal of Natural Products* **58**: 1315-1324.

Stone, J. K., Bacon, C. W. e White, J. F. (2000). Uma visão geral dos micróbios endofíticos: definição de endofitismo. In: C. W. Bacon, J. F. White e Marcel

Dekker (Eds.). pp199-236 . *Microbiana*

*endofíticos*. Nova Iorque.

Strobel, G. A. (2003). Endophytes as sources of bioactive products. *Microbes and Infection* **5**: 535-544.

Strobel, G. A. e David, M. L. (1998). Os micróbios endofíticos incorporam o potencial farmacêutico. *ASM News* **64**: 263-268.

Strobel, G. e Daisy, B. (2003). Bioprospecção de endófitos microbianos e seus produtos naturais. *Microbiology and Molecular Biology Reviews* **67**: 491-502.

Strobel, G., Daisy, B., Castillo, U. e Harper, J. (2004). Natural products from endophytic microorganisms. *Journal Natural Products* **67**: 257-268.

Strobel, G., Miller, RV., Miller, C., Condron, M., Teplow, D.B. e Hess, WM. (1999)

Cryptocandin, um potente antimicótico do fungo endofítico *Cryptosporiopsis cf. quercina*. *Microbiologia* **145**: 1919-1926.

Strobel, G.A., Dirkse, E., Sears, J. e Markworth, C. (2001) .Volatile antimicrobials from *Muscodor albus*, a novel endophytic fungus. *Microbiologia* **147**: 2943-2950.

Su, Y.J., Tsai, M.S., Kuo, Y.H., Chiu, Y.F., Cheng, C.M., Lin, S.T. e Lin. Y.W. (2010). Papel da regulação negativa de Rad51 e da inativação das cinases reguladas por sinal extracelular 1 e 2 na citotoxicidade sinérgica induzida por emodina e mitomicina C em células humanas de cancro do pulmão de células não pequenas. *Molecular Pharmacology* **77**: 633-43.

Su, Y.T., Chang, H.L., Shyue, S.K. e Hsu, S.L. (2005). A emodina induz a apoptose em células de adenocarcinoma do pulmão humano através de uma via de sinalização mitocondrial dependente de espécies reactivas de oxigénio. *Biochemical Pharmacology* **70**: 229-41.

Sun, J.Q., Guo, L.D., Zang, W., Ping, W. e Chi, D. (2008). Diversidade e distribuição ecológica de fungos endofíticos associados a plantas medicinais. *Ciência na China Série C: Life Science* **51**: 751-759.

Suryanarayanan, T. S. e Kumaresan, V. (2000). Fungos endofíticos de algumas halófitas de uma floresta de mangue estuarina. *Mycological Research* **104**: 1465-1467.

Suryanarayanan, T. S. e Vijaykrishna, D. (2001). Fungal endophytes of aerial roots of *Ficus benghalensis*. *Fungal Diversity* **8**: 155-161.

Suryanarayanan, T. S., Murali, T.S. e Venkatesan, G. (2002). Ocorrência e distribuição de endófitos fúngicos em florestas tropicais ao longo de um gradiente de precipitação. *Canadian Journal of Microbiology* **80**: 818- 826.

Suryanarayanan, T. S., Senthilarasu, G. e Muruganandam, V. (2000). Fungos endofíticos de *Cuscuta reflexa* e das suas plantas hospedeiras. *Fungal Diversity* **4**: 117-123.

Suryanarayanan, T.S., Venkatesan, G. e Murali, T.S. (2003). Comunidades de fungos endofíticos em folhas de árvores de florestas tropicais: Diversity and distribution patterens. *Current Science* **85**: 489-492.

Sutjaritvorakul, T., Whalley, A.J.S., Sihanonth, P. e Roengsumran, S. (2011). Atividade antimicrobiana de fungos endofíticos isolados de folhas de plantas na floresta Dipterocarpous na província de Nan, distrito de Viengsa, Tailândia. *Jornal de Tecnologia Agrícola* **7**: 115-121.

Tadych, M., White. e Jr, J. F. (2009). Micróbios endofíticos: ecologia e impactos nas plantas hospedeiras. In: Moselio Schaechter (Ed.). Enciclopédia de Microbiologia. 3ª edição Elsevier.

Tan, G., Gyllenhaal, C. e Soejarto, D. D. (2006). A biodiversidade como fonte de fármacos anticancerígenos. *Current Drug Targets* **7**: 265-277.

Tan, R. X. e Zou, W. X. (2001). Endofíticos: uma fonte rica de metabolitos funcionais. *Natural Product Reports* **18**: 448-459.

Tejesvi, M. V., Mahesh, B., Nalini, M. S., Prakash, H. S., Kini, K. R., Subbiah, V. e Shetty, S. (2006). Fungal endophyte assemblages from ethno- pharmaceutically important medicinal trees. *Canadian Journal of Microbiology* **52**: 427-435.

Tejesvi, M. V., Mahesh, B., Nalini, M. S., Prakash, H. S., Kini, K. R., Subbiah, V. e Shetty, S. (2005). Conjuntos de fungos endofíticos da casca interna e do galho de *Terminalia arjuna* (Combretaceae). *Jornal Mundial de Microbiologia e Biotecnologia* **21**: 1535-1540.

Teles, H.L., Silva, G.H., Castro-Gamboa, I., Bolzani, V.S., Pereira, J.O., Costa-Neto, C.M., Haddad, R., Eberlin, M.N., Young, M.C.M. e Araujo, A.R. (2005). Benzopiranos de *Curvularia sp.*, um fungo endofítico associado a *Ocotea corymbosa* (Lauraceae). *Fitoquímica* **66**: 236367.

Tenover, F. C. (2006). Mechanisms of antimicrobial resistance in bacteria (Mecanismos de resistência antimicrobiana em bactérias). *American Journal of Medicine* **119**: 3-10.

Thomson, R. H. (1971). In *Naturally Occurring Quinones*, 2ª Ed.; *Academic Press*: Londres.

Tran, H.B.O., McRae, J.M., Lynch, F. e Palombo, E.A. (2010). Identificação e propriedades bioactivas de fungos endofíticos isolados de filódios de espécies de Acacia. In: A Mendez-Vilas (Ed.). pp 377-382. *Current Research, technology and education topics in Applied Microbiology and Biotechnology.*

Uma, S.R., Ramesha, B.T., Ravikanth, G., Rajesh, P.G., Vasudeva, R. e Ganeshaiah, K.N. (2008). Perfil químico de *N. nimmoniana* para camptothecin, um importante alcaloide anticancerígeno: rumo ao desenvolvimento de um sistema de produção sustentável. *Em*: Ramawat K. G. e Merillion J. (Eds.). pp 198-210. Bioactive Molecules and Medicinal Plants. Springer, Berlim, Alemanha.

Vainio, E.J., Korhonen, K. e Hantula, J. (1998). Genetic variation in *Phlebiopsis gigantean* as detected with random amplified microsatellite (RAMS) markers. *Mycological Research* **2**: 187192.

Vanicha, V. e Kanyawim, K. (2006). Ensaio colorimétrico com sulforhodamina B para o rastreio da citotoxicidade. *Nature Protocols* **3**: 1112-1116.

Verhoeff, K. (1974). Infeção latente por fungos. *Revisões anuais em fitopatologia* **12**: 99-110.

Verma V.C., Gond S.K., Kumar, A., Kharwar, R.N. e Strobel,G.A. (2007). The Endophytic Mycoflora of Bark, Leaf, and Stem Tissues of *Azadirachta indica*

*A*. Juss (Neem) from Varanasi (India). *Microbial Ecology* **54**: 119-125.

Vieira M. L. A., Hughes A. F. S., Gil, V. B., Vaz, A. B. M., Alves, T. M. A., Zani, C. L., Rosa, C. A. e Rosa L. H.(2012). Diversidade e atividades antimicrobianas da comunidade de fungos endófitos associados à planta medicinal tradicional brasileira *Solanum cernuum* Vell. (Solanaceae). *Canadian Journal of Microbiology* **58**: 1-13.

Wagenaar, M., Corwin, J., Strobel, G.A. e Clardy, J. (2000). Três novas chytochalasins produzidas por um fungo endofítico do género *Rhinocladiella*. *Journal of Natural Products* **63**: 1692-1695.

Waller, F., Achatz, B., Baltruschat, H., Fodor, J., Becker, K., Fischer, M., Heier, T., Huckelhoven, R., Neumann, C., vonWettstein, D., Franken, P. e Kogel, K.H. (2005). O fungo endofítico *Piriformospora indica* reprograma a cevada para tolerância ao stress salino, resistência a doenças e maior rendimento. *Procedimentos da Academia Natural de Ciências dos EUA*. **102**: 13386-13391.

Waller, G. R., Mac Vean, C. D. e Suzuki, T. (1983). Alta produção de cafeína e actividades enzimáticas relacionadas em culturas de calos de *Coffea arabica* L. *Plant Cell Reports* **2**: 109-112.

Wang, J., Li, G., Lu, H., Zheng, Z., Huang, Y. e Su, W. (2000). Taxol de *Tubercularia sp*. estirpe TF5, um fungo endofítico de *Taxusmairei*. *FEMS Microbiology Letters* **193**: 249-253.

Wang, W., Sun, Y. P. e Huang, X.Z., He, M., Chen, Y. Y., Shi, G. Y., Li, H., Yi, J. e Wang, J. (2010). A emodina aumenta a sensibilidade das células cancerígenas da vesícula biliar aos fármacos de platina através da depleção de glutatião e da regulação negativa do MRP1. *Biochemical Pharmacology* **79**: 1134-40.

Wang, Y. e Guo, L.D. (2007). Um estudo comparativo de fungos endofíticos em agulhas, casca e xilema de *Pinus tabulaeformis*. *Canadian Journal of Botany* **85**: 911-917.

Wayne, P, A. (2006). Clinical and Laboratory Standards Institute (CLSI).Methodsfor dilution

testes de suscetibilidade antimicrobiana para bactérias que crescem aerobicamente. Na norma aprovada. M7-A7. 7ª edição.

Weber, D., Sterner, O., Anke, T., Gorzalczancy, S., Martino, V. e Acevedo, C. (2004). Phomol, um novo metabolito anti-inflamatório de um endófito da planta medicinal Erythrina crista- galli. *Journal of Antibiotics* **57**: 559-563.

OMS, (1998). Situação regulamentar dos medicamentos à base de plantas. A worldwide review. pp. 1-5. Genebra, Suíça.

Wilkinson, H.H., Siegel, M.R., Blankenship, J.D., Mallory, A.C., Bush, L.P. e Schardl, C.L. (2000). Contribuição dos alcalóides fúngicos da lolina para a proteção contra os afídeos num mutualismo erva-endófito. *Molecular Plant Microbe Interaction* **13**: 1027-1033.

Williams, B.L., Goad, C.T. e Goodwin, T.W. (**1967**).

*Phytochemistry* **6**: 1137.

Wilson, A. P. R., Gibbons, C., Reeves, B. C., Hodgson, B., Liu, M. e Plummer, D. (2004). Surgical wound infections as a performance indicator: agreement of common definitions of wound infections in 4773 Patients. *British Medical Journal* **329**: 720-722.

Wilson, D. (1995). Endophyte - a evolução de um termo e a clarificação do seu uso e definição. *Oikos* **73**: 274-276.

Yang, D.J., Lu, T.J. e Hwang, L.S. (2003). Isolamento e identificação de saponinas esteroidais na cultivar de inhame de Taiwan (*Dioscorea pseudojaponica* Yamamoto). *Journal of Agricultural Food Chemistry* **51**: 6438-6444.

Yang, X., Strobel, G.A., Stierle, A., Hess, W.M. e Clardy. J. (1994). Uma relação fungo endófito-árvore: *Pboma sp.* em *Taxus wallicbana. Ciência das Plantas* **102**: 1-9.

Yates, S.G., Plattner, R.D. e Garner, G.B. (1985). Deteção de alcalóides de ergopeptina em festuca alta K-31 tóxica e infetada por endófitos por espetrometria de massa/espetrometria de massa. *Journal of Agriculture and Food Chemistry* **33**: 719.

Yi, J., Yang, J. He, R. Gao, F., Sang, H., Tang, X., Ye, R. D. (2004). A emodina aumenta a apoptose induzida pelo trióxido de arsénio através da geração de espécies reactivas de oxigénio e da inibição da sinalização de sobrevivência. *Cancer Research* **64**: 108-116.

Yong, C. A., Bryant, M. K., Christensen, M. J., Tapper, B. A., Bryan, G. T. e Scott, B. ( 2005). Clonagem molecular e análise genética de um grupo de genes expressos em simbiose para a biossíntese de lolitrem a partir de um endófito mutualista de azevém perene. *Molecular Genetics and Genomics* **274**: 13-29.

Yu, H., Zhang, L., Li, L., Zheng, C., Guo, L., Li, W., Sun, P. e Qin, L. (2010). Desenvolvimentos recentes e perspectivas futuras de metabolitos antimicrobianos produzidos por endófitos. *Microbiological Research* **165**: 437-449.

Zhang, L. e Hung, M. C. (1996). Sensibilização de células de cancro do pulmão de células não pequenas com expressão excessiva de HER- 2/neu a fármacos quimioterapêuticos pelo inibidor da tirosina quinase emodin. *Oncogene* **12**: 571-576.

Zhang, P., Zhou, P., Jiang, C., Yu, H.e Yu, L. J. (2008). Rastreio de fungos produtores de Taxol com base na amplificação por PCR. *Biotechnology Letters* **30**: 2119-2123.

Zhang, W., Krohn, K., Draeger, S. e Schulz, B. (2008). Isocumarinas bioactivas isoladas do fungo endofítico *Microdochium bolleyi. Journal of Natural Products* **71**: 1078- 1081.

Zhongmei, H., Yudan, T., Xiantao, Z., Bai, B., Lianxue, Z., Huaisheng, W. e Wenjie, Z. (2012). Actividades antitumorais e imunomoduladoras da diosgenina, uma saponina esteroidal de ocorrência natural. *Investigação de Produtos Naturais* **1**: 1-4.

Zhou, X. M. e Chen, Q. H. (1988). Estudo bioquímico do ruibarbo chinês. XXII. Efeito inibitório dos derivados da antra quinona na ATPase sódio-potássio da medula renal do coelho e sua ação diurética. *Ata Pharmaceutica Sinica* **23**: 17-20.

Zou, W. X., Meng, J. C., Lu, H., Chen, G. X., Shi, G. X., Zhang, T.Y. e Tan, R. X. (2000). Metabolitos de *Colletotrichum gloeosporidies*, um fungo endofítico em *Artemisia mongolica. Journal of Natural Products* **63:** 1529-1530.

Zou, Y. P., Lu, Y. H. e Wei, D. Z. (2010). Efeitos protectores de um extrato rico em flavonóides de *Hypericum perforatum* L. contra a apoptose induzida por peróxido de hidrogénio em células PC12. *Phytotherpy Research* **24**: 6-10.

Printed by Books on Demand GmbH, Norderstedt / Germany